做女人，何苦为难自己

马永霞◎著

中国纺织出版社

内 容 提 要

女人天生就是矛盾复杂的，她们有着几多纠缠和烦恼，常常搅得自己的心不得安宁。作为女人，当我们能够悦纳自己、成就自己时，我们的人生就会变得豁然开朗。

本书从多个角度对女人的脾气秉性进行分析，帮助女人更好地认识自己、接纳自己、宽容自己，同时也成就自己。女人要把命运掌握在自己手中，悦纳自己，不要处处与自己较劲，如此才能活出与众不同的风采。

图书在版编目（CIP）数据

做女人，何苦为难自己／马永霞著.--北京：中国纺织出版社，2017.12

ISBN 978-7-5180-4417-7

Ⅰ.①做… Ⅱ.①马… Ⅲ.①女性—人生哲学—通俗读物 Ⅳ.①B821-49

中国版本图书馆CIP数据核字（2017）第302914号

责任编辑：闫 星　　特约编辑：李 杨　　责任印制：储志伟

中国纺织出版社出版发行

地址：北京市朝阳区百子湾东里A407号楼　邮政编码：100124

销售电话：010—67004422　传真：010—87155801

http：//www.c-textilep.com

E-mail：faxing@c-textilep.com

中国纺织出版社天猫旗舰店

官方微博http：//weibo.com/2119887771

三河市宏盛印务有限公司印刷　各地新华书店经销

2017年12月第1版第1次印刷

开本：710×1000　1/16　印张：13.5

字数：147千字　定价：36.80元

前　　言 preface

对于生命的意义，每个女人都有自己的理解，所以在回答“一生之中最想得到什么”这个问题时，几乎每个女人给出的答案都各不相同。但是这些答案都指向同一个词语——幸福。的确，不管我们在生命之中追求什么，也不管我们的梦想多么远大、实现梦想的手段多么不堪，其实我们唯一的目的就是获得自己所认为的幸福。喜欢钱的人努力挣钱，是为了得到幸福；喜欢安稳的人为了拥有稳定的生活拼搏，也是为了得到幸福；喜欢和朋友相伴的人四处寻找朋友，也是为了得到幸福；还有些人喜欢当官，不断地追求权力，也是为了得到幸福……

然而，幸福从来不会从天而降，尤其是女人，要想得到幸福，更是要付出加倍的努力。其实，不管我们的幸福以怎样的介质实现，都取决于我们的心态。所以，对于女性朋友而言，“心态决定命运”这句话是很有道理的。女性朋友要想获得幸福，首先就要调整好自己的心态，让自己健康从容。

很多女性朋友对于幸福的理解过于狭隘，觉得幸福就是凭借漂亮的脸蛋和优美的身段，找一个好男人嫁了，从此衣食无忧，享受一生。幸福只能靠自己去创造，作为女人，把幸福寄托在他人身上，是非常愚蠢的行为，应该靠着自己的努力打拼，才能深刻领悟和感受幸福。毕竟容颜易老，而幸福却要长存。

女人拥有好心态，就像是拥有容纳幸福的最好容器，她们对待生活从不悲观绝望，而是积极乐观、满怀希望。正因为如此，哪怕她们拥有的并不比别人多，也依然能够牢牢地把握幸福。她们从来不问为何命运对待自己如此残酷，因为她们知道那毫无意义，她们只会想方设法地解决难题，从而使自己距离幸福越来越近。她们懂得感恩，哪怕上帝在她们这个芬芳的苹果上咬了大大的一口，她们也依然对上帝的一切安排心存感激。可以说，幸福女人与不幸女人的区别就在于，前者把生命用于感悟美好，后者把生命用于感悟悲伤和忧愁。

明智的女人懂得善待自己，她们知道唯有爱自己，才能爱别人，才能得到别人的爱。她们知道爱自己是对自己负责，更是对家人和一切自己所爱的人负责。她们热爱运动，关注健康，也会更多地体察自己的心灵。她们从不依赖他人而活，而是会竭尽所能，为自己创造更好的生活条件，绝不辜负家人和爱人的期望。她们还很懂得幽默，知道快乐极富感染力，并能让自己和身边的人亲近起来，所以她们常常发挥幽默这一能力，让大家和她们一起欢歌笑语。

总而言之，女人要把命运掌握在自己手中，悦纳自己，不要处处与自己较劲，这样才能活出与众不同的风采。当然，女人也要非常努力地活着，这样才能越努力，越幸运，成就自己的人生！

编著者

2017 年 10 月

目　录 contents

第 01 章

热爱生命，女人不为难自己才能获得幸福

无论是坚强还是脆弱，每个女人都注定要在人生路上执着前行。最近正在热播《我的前半生》中，无论是像马伊琍饰演的罗子君一样的全职太太，还是像袁泉饰演的唐晶一样的职场白骨精，每一个女人都殊途同归。正如剧中靳东扮演的贺涵所说，没有一个人能够让女人托付终生，女人唯有自立自强，才能圆满走完自己的一生。由此可见，作为女人，必须积极地热爱和对待生命，才能让自己幸福满满活着。

青春短暂，女人要绚烂绽放

在《我的前半生》第七、八集里，陈俊生正式和罗子君办理离婚。这个平日里养尊处优的全职太太开始大哭大闹，不知道自己的下半生如何活下去。她的妈妈也对她信心全无，还当着唐晶的面说子君也就是凭着年轻时的几分姿色，现在人到中年，年老色衰，如何独自生存下去呢！为此，妈妈不赞同子君离婚的主要原因，就是对子君没有信心，绝不相信子君可以凭借自己的能力活得很好。的确，一个女人即使曾经青春美丽，迷倒一大片英俊潇洒的男人，但是随着时间的流逝，她依然会年老色衰。就像罗子君，还没有到年老色衰的那一步，就已经被老公抛弃了。所以，尽管她曾经把自己的青春岁月过得光鲜亮丽，但是最终的结果依然是被抛弃、被放弃，根本不知道自己应该如何面对接下来的人生之路。

青春的时光非常短暂，女人到了 30 多岁，就已经昭华逝去，青春不再了。因而女人在年轻的时候千万不要只顾着美丽，而要抓住青春时光，努力充实和提升自己，让自己绚烂绽放。如今，打好经济基础已经不再仅仅是男人的工作，作为女人，同样也要为自己的人生负责，不能任由时光随着美丽的容颜渐渐远去。

现代社会的女人，从地位上讲是比封建时代的传统女性高多了，毕竟现在女人也能撑起半边天，而且能在家里和男人一样说了算。但是，女人有了更大的权利的同时，也要承担起更重的责任。封建时代的女性讲究三从四德，人生的终极目标就是嫁个好丈夫，开始相夫教子的生活。但是现代社会的女性除了要照顾好丈夫、伺候好公婆、养育好孩子之外，更要在社会上与男人平分秋色，在职场上拼搏出属于自己的一片天地。也就是说，解放了的女人其实并没有从家务活儿中解放出来，而是又多了一个重要的社会角色。在这种情况下，如果男人能够帮助女人分担家庭重任尚且还好，如果男人依然遵循传统，对家里的任何事情都袖手旁观，那么女人真的是分身乏术了。

每一个俗世之人，对于人生都有着无限的渴望，同时也充满欲望，尤其是女人，总是希望得到更大的房子和更好的车子，还有无数名牌的衣服和漂亮的鞋子、包包等。等到拼尽全力得到这一切时，她们却已经容颜不再，不由得感慨有再多的钱也买不回青春岁月。人就是这样，失去什么，才懂得什么可贵。很多人在生病之后，才懂得健康的可贵；在只有钱而没有感情之后，才知道真情是花多少钱都买不来的。然而，此时为时晚矣，人生已经错过了很多最美丽的风景。

女人一定要善待自己，所谓善待自己，其实就是扮演好属于自己的角色。很多女人这山望着那山高，不是盲目羡慕他人的生活，就是对自己的一切都感到不满意。很多女人才二十几岁，就已经身兼数职，不但是职场精英，更是小鸟依人的妻子、嗷嗷待哺的小婴儿的母亲，也是父母的女儿、公婆的媳妇。可想而知，女人只有成为真正的超人，才能同时兼顾好这几重角色。因而，女人在忙碌的同时，一定要让自己劳逸结合、张弛有度；唯有保持身心健康，女人才能更好地面对未来，才能真正把握自己的人生，掌控自己的命运。

女人要成为欲望的主人

每个人都有欲望，所不同的是，有些人成为欲望的主人，驾驭欲望，把强烈的欲望转化为动力，从而实现了人生的成功；有的人则被欲望驱使着，始终无法找到人生的意义所在，最终变得失魂落魄，人生也过得颠三倒四。相比男人的理性，大多数女人都是更加感性的，这也注定了女人更容易被欲望驱使，也更容易在欲望前失去自持力和自控力。其实，人人都会受到欲望的驱使，所不同的只在于每个人的自控能力不同，理性程度也不一样。

古人云，知足常乐。的确，女人要想获得幸福，就一定要学会控制自己的欲望，让自己更容易得到满足。有人调侃女人，如果将女人从欲望的角度进行划分，说这个世界上的女人只有两种：一种是始终盯着别人家的锅，羡慕其他女人找到了好老公，拥有富贵生活；一种是始终牢牢盯着自己的碗。显而易见，前者是贪婪的，她们也许最终会把别人锅里的变成自己碗里的，但是她们马上又会生出更多不切实际的欲求，导致自己的心始终干涸，不知道满足。后者呢，她们非常专注于自己所拥有的，也知道满足，因而整个人都坦然从容，不会因为物质的多少而影响心情，也不会对自己的生活充满抱怨和憎恨。

欲望就像是一列高速行驶的列车，我们唯有摆正自身的姿态，以端正的态度面对生活，让欲望的列车减速再减速，才能加快人生的脚步，让欲望与我们的心同步前进。如果我们的心被欲望牵扯着往前疾驰，可想而知，我们将会与幸福快乐永远绝缘。

很久以前，有个信徒总是无休止地祈祷。对于他日日夜夜的喋喋不休，维斯奴神厌烦不已，最终决定给他实现三个愿望的机会，但前提条件是他在实现三个愿望之后，再也不能祈祷了。一听到自己的愿望居然能梦想成真，信徒兴

奋不已，毕竟他日夜祈祷的目的就是梦想成真，现在他已经实现了愿望，他当然认为自己以后不会再祈祷了。

兴奋之余，这个信徒轻而易举地许下了第一个愿望，他希望他的妻子能够死去，而一个漂亮美丽的女人将会成为他的妻子。当即，维斯奴神就满足了他的心愿。但是，他在妻子的葬礼上，听到无数的亲戚朋友和邻居都在盛赞妻子的美德，不由得感到后悔，似乎自己失去了世界上最完美的女人，因而他思来想去，又恳求维斯奴神让他的妻子复活。就这样，他的妻子又复活了，但是他也用掉了第二个梦想成真的机会。

如今，信徒只剩下第三个愿望了，这个机会很珍贵，因而他踌躇不定，不知道自己该许下什么愿望。得知此事的朋友全都为信徒出谋划策，有人让他拥有健康，有人让他长生不老，有人让他得到更多的朋友，有人让他祈祷富可敌国，还有人让他祈祷家人平安。信徒越来越迷惘，因为他想要得到的太多，根本不知道应该把这仅剩的一个机会用在哪里。他愁眉苦脸地询问维斯奴神，维斯奴神笑着说："你就祈祷自己能够对所拥有的一切知足吧！"

的确，如果一个人不知足，那么哪怕他拥有再多，欲望也会像无底的深渊一样，让他坠入其中无法自拔。相反，如果一个人很知足，那么哪怕他拥有得少、付出得多，他也会怀着一颗感恩之心，感谢命运赐予自己的一切。所以，不管什么时候，也不管经历了什么，我们都要心怀感恩，这样才能更加真诚地拥抱生命、期盼未来。

尤其是女人，在现代社会面临很多诱惑，大量的奢侈品牌和奢侈品，让每一个爱美的女人都心中长草，恨不得马上得到一切。然而，谁也不可能处处都如愿以偿，更不可能拥有一切美好的东西。女人唯有控制好内心的欲望，知道自己生命中真正想要得到的是什么，才能把控人生，成为欲望的主宰，拥有更加幸福美满的人生。

明智的女人，能够掌控人生

在《欢乐颂2》中，蒋欣入木三分刻画的樊胜美这一角色，终于在电视剧最后一集即将圆满大结局的时候，给了自己一个交代。在第一部里，她总是想要找一个大款或者有钱人；在第二部里，她好不容易才尘埃落定和王柏川在一起，却依然不管什么事情都想推给王柏川解决。看似独立能干的她，一旦遇到自己的事情，马上就会束手无策，更不愿意承担任何繁重的生活。总而言之，她把自己对于人生的所有渴望和憧憬都寄托在王柏川身上，希望通过王柏川的成功，彻底改变自己的命运。最终，王柏川在父母的赞助下买房，却拒绝写她的名字。为此，她痛定思痛，开始反思自己的人生，最终意识到自己还不如小邱莹莹独立，更不如其他几个室友那样自力更生。虽然她负担了沉重的家庭，但是她始终没有摆正自己在人生中的位置，所以才会如此被动，以致在大都市辛苦打拼这么多年，依然毫无收获。

随着封建时代的终结，女人的地位得到了极大的提高，因而现代社会的每一位女性都不再是家庭的附属品，也不是攀附在男人身上的凌霄花，而是以树的形象，与男人比肩而立，与男人平分秋色，与男人共同撑起一片天空。女人要把控自己的命运，唯有依靠自己的努力过上自己想过的生活，才有资格左右人生，设想命运，才能最大限度完地成自己的梦想，成就自己的人生。遗憾的是，现代社会依然有很多女人不能独立面对人生，她们缺乏自信，质疑自己的能力，不管面对什么事情都犹豫不定，都无法勇敢地说出自己的心声。这样委屈的一生，是任何明智的女人都不想要的。

大学毕业后，娜娜就和大学时的恋人刘伟结婚了。很快，她怀孕了，此时又恰逢刘伟事业发展的关键时期，因而娜娜主动辞职，一边孕育孩子，一边安

心照顾家庭，给刘伟做好大后方的工作。几年之后，孩子该上幼儿园了，刘伟也事业有成，大家都以为娜娜的好日子要来了，可以当个富贵优雅的全职太太了；然而，这时刘伟突然与办公室里的花瓶产生了暧昧关系，得到消息后，娜娜简直觉得天都塌了。

她不知道如何面对孩子，也不知道怎样开始接下来的人生，原本她以为只要努力相夫教子，操持好家庭，自己就会和刘伟继续这样默契地合作下去，共同创造美好的生活。虽然刘伟恳求娜娜原谅她，但是性情孤傲的娜娜却提出了离婚。幸好，虽然娜娜被生活磨砺得失去了很多，但是还算没有忘记自己的心性。离婚之后，娜娜痛定思痛，发誓不但要依靠自己活得漂亮，而且要把孩子养育成人，让所有人都对自己刮目相看。就这样，她像是一个初入社会的小女生，一切从头开始，吃了很多苦，也遭遇了很多困境。如同笼子里的金丝雀一般的她，突然间变得坚强起来，在所有人都以为她无法坚持下去的时候，她成功战胜了自己，在职场上打拼出一片属于自己的天地。自立自强、独立勇敢的娜娜，赢得了很多成功男士的尊重和青睐。虽然她是个单亲妈妈，不但要忙工作，还要照顾孩子，但是她的魅力从未打折，她的追求者依然有很多。最终，在众多追求者中，有位优秀的男士脱颖而出，赢得了娜娜的芳心。娜娜开始了自己崭新的人生，她决定接下来无论发生什么事情都不能成为攀缘的凌霄花，而要以树的形象与自己心爱的男人比肩并立，在微风中相互点头致意。

一次失败的婚姻，给予了娜娜深刻的人生感悟，使得娜娜意识到女人必须独立自强，成为自己命运的主宰，这样才能在人生中的每一个时刻都活得潇洒。相信在第二次婚姻中，不管生命的另一半多么成功，娜娜都会保持自己独立的人格和独立的经济能力，绝不靠着男人养活，成为温室里的花朵。

现实生活中，很多女人都被人夸赞美丽漂亮、聪明贤惠等，这些夸赞不是最重要的，因为这些夸赞终究只是夸赞，对于女人的人生是没有任何实质性帮助的。明智的女人知道，哪怕得到再多的夸赞，也依然要牢记自己的初心，从而努力地提升和完善自我，哪怕生活再艰难，也能凭一己之力潇洒地面对，要活得成功，更要活得漂亮。

心怀希望，坦然迎接命运安排

命运充满了各种挫折和磨难，每个人的人生之所以截然不同，并不在于命运的偏爱或者青睐，而是每个人对待命运的态度不同。诸如，有的人面对命运，哪怕遭遇挫折，也会越挫越勇，知难而上。而有的人一旦遭遇磨难，就会马上心生胆怯，恨不得逃得远远的，甚至怨声载道。他们从来不从自己的身上寻找原因，只会觉得命运不公。

实际上，命运并不会青睐或者偏爱任何人，相反，每个人面对命运的态度，在更大程度上决定了他们的人生。在生活中，女人更容易抱怨命运，这是由女人的心理特点决定的。女人相对比较柔软，也不像男人那样喜欢征服和挑战。整体而言，女人都喜欢稳定安逸的生活。殊不知，抱怨非但解决不了任何问题，反而会因为情绪的堆积，导致女性朋友更加愤愤不平、郁郁寡欢。因而，明智的女人不但不会抱怨命运，反而如同柔韧的野草，勇敢地面对命运的磨难，从而积极主动地提升自我、完善自我。

大多数女人的骨子里都是非常柔软的，每个女人都希望自己在一生之中顺遂如意、衣食无忧，凡事都很顺利。但是，这实际上是非常矛盾的梦想，也是不可能实现的。就像人们常说的，家家都有本难念的经，每个人也都有自己的烦恼。在西方国家，更是有哲学家说每个女人都是被上帝咬过一口的苹果，苹

果越是芬芳，就越是会得到上帝的青睐和偏爱，被上帝狠狠地咬上一口。面对命运赐予的不幸，女人不应该抱怨，而应该意识到自己的芬芳甚至吸引了上帝情不自禁，因而要更加努力自信，从而成功扭转厄运。

生活和意外，我们永远不知道哪个会先来。命运并不因为女人天生柔软就对女人情有独钟。当遭遇突如其来的意外或者不幸时，女人不能怨天尤人，也不能奢望时光倒流，而是要勇敢地站起来，握紧拳头，迎接命运的挑战。人们常说。苦尽甘来，也说宝剑锋从磨砺出，梅花香自苦寒来。命运也是如此，每个人都要经受命运的磨难，这是任何人都逃脱不了的宿命。前段时间在网络新闻上看到，台湾著名艺人大S因为生育二胎以致几次昏厥，不由得感慨：无数女孩都羡慕大S在演艺事业上取得的成就，更是顺利嫁入豪门，却没有想到她和大多数女人一样，也要经历生育的种种辛苦，甚至还遭受更多的磨难。总而言之，上帝是公平的，它为人们关闭一扇门，同时也会为人们打开一扇窗。所以，当遭遇厄运时，我们要做的不是抱怨，而是擦亮和瞪大眼睛，从而为自己找到更多的机会，扭转命运的局势。

从这个角度而言，女人要想拥有好运，就要始终心怀希望。希望就像是女人心底里的一盏明灯，能够照亮女人的未来，也能够改变女人生存的环境。有人说生活就像是一面镜子，若我们对它面带微笑，生活也会回馈给我们微笑；若我们对它愁眉不展，生活也会对我们皱起眉头，从不微笑。既然笑着也是一天，哭着也是一天，不管哭和笑，我们都无法改变已经发生的任何事情，那么我们为何不心怀希望地乐观面对呢？如果我们心态改变，积极主动地迎接各种困难的挑战，那么我们就会有意外惊喜的发现：原来人生的真面目是这样的，原来人生并不残酷，只是我们对待人生的态度错了。心若改变，整个世界也会随之改变，所以，明智的女性朋友，现在你们该知道自己要怎么做了吧！实际上，许多问题都不复杂，也不值一提，只要你的心中的希望之灯长明不灭！

自重自爱，享受美好生活

如果一个人不尊重自己，那么他必然无法得到他人的尊重。因为一个自轻自贱的人，根本不配得到他人的尊重。很多女人都妄自菲薄，总是觉得自己作为女人在生理上占据弱势，所以就自甘落后。虽然我们不推崇女人把自己当成男人，非要强迫自己表现得强悍，但是女人一定不能成为攀缘的凌霄花，而要以树的形象和大多数男人比肩而立，平起平坐。

从大学毕业到30多岁的年纪，正是女人一生之中的大好时光。这个时期的女人有了一定的知识储备，而且青春正好，容颜也非常美丽，明智的女人会在此期间努力充实提升自我，让自己获得人生的资本。而有些女人却显得非常自卑，她们总觉得自己能力不足，资质平平，因而对自己始终心怀质疑。别说别人不愿意相信她们,她们自己也不相信自己,根本无法昂首挺胸地在人生的大道上阔步向前。

其实，很多女人自卑的理由非常幼稚可笑。诸如，有的女人因为自己身材太矮感到自卑；有的女孩因为自己皮肤黝黑，觉得低人一等；有的女人因为自己不够漂亮，甚至抱怨父母没有把自己生得很好；还有的女人抱怨自己的父母不是有权有势的人，导致她们的起点低了很多。这样的抱怨是多么无厘头啊，她们非但不感恩父母，反而对父母心怀怨恨；她们不但无法做到悦纳自己，反而因为自己的小小缺点而对自己感到不满意。怀有这样心态的女人，如何能够做到感恩地对待这个世界，珍惜地对待自己呢？每一个女人首先要做的，就是不看轻自己，这样才能做到坦然面对生活，迎接生活的各种馈赠。

从心理学的角度而言，自卑是一种非常压抑的自我评价，而且自卑的人在自我意识里也总是对自己感到不满意。要想改变自卑的状态，我们首先要尽量客观公正地评价自己。有些女人奢望自己得到全世界所有的爱与尊重，却又对

自己百般不满意，不得不说，这样的奢望真的是奢望，是根本没有可能实现的。女人必须自尊自爱，才能如愿以偿、赢得他人的尊重和喜爱，这是亘古不变的真理。如果一个女人一边对自己不满意，一边去讨好和取悦他人，那么这样的女人只会陷入更加深凉的悲哀。

很多人都喜欢的充满才情的台湾作家三毛，就是一个非常自卑的人。不过她的自卑是有原因的，即她读初二的时候，因为数学成绩很差，被老师羞辱，导致她从此开始逃学，最终还不得不休学。甚至家里人在吃饭的时候说起关于学校的事情，三毛也不能听到，最终患上了严重的自闭症。从此之后的一生时间里，三毛都固执、敏感、偏执，这也导致她的一生充满悲苦。除了和荷西幸福相伴的日子，三毛总是沉浸在无法自拔的苦痛之中。因而，不管是父母还是老师，在教育孩子的时候，都要注意保护孩子的自尊心和自信心，这样才能呵护孩子娇嫩而又脆弱的心灵，从而使孩子健康成长。

自卑是人生进步的巨大障碍，1951 年，美国女医生弗兰克林发现了 DNA 的螺旋结构，后来也针对自己的发现进行了公开演说。但就是因为自卑，弗兰克林最终没有成功推广自己的假说，而总是怀疑自己的假说根本是错误的，最终颓然放弃了自己的假说。时隔两年，科学家里克里和沃森，提出了 NDA 双螺旋结构的假说，从而带领全世界进入生物时代。为此，在 1962 年，他们双双获得诺贝尔生理学或医学奖。这可是至高无上的荣誉，更是对他们巨大发现的奖励。而弗兰克林与这项特殊荣誉之间，只差了一个小小的坚持。由此可见，很多时候，我们唯有坚持，才能成功迈出关键的一步，从而取得人生的伟大进步。虽然我们都是普通的女人，也许终生都无法获得诺贝尔奖，但是我们的诺贝尔奖却在我们自己的心中，只要我们坚持自己，自尊自爱，我们就能够挣脱自己的束缚，飞向更加辽阔高远的天空。

自卑是一种对人生极其不利的心理状态，大多数情况下，自卑的人如同披着充满水的海绵负重前行，而且浑身都湿漉漉的，狼狈不堪。很多自卑的人都有自闭的倾向，做事情也缺乏信心，总是自我否定。这一切迹象都表明，大多数自卑的人都在人生的路上走下坡路，只有改变自卑的心态，人生才能昂首向前。

女性朋友们，让我们自信起来吧，驱散自卑，我们的人生就如同晴空万里，再也没有阴云遮蔽，更多了几许阳光灿烂！

化压力为动力，才能获得成功

人生在世，每个人都要面对巨大的压力，也要经历生活的种种磨难。很多时候，我们羡慕他人的光鲜亮丽和成功，却没有看到他人在背后付出的艰辛和努力。为此，我们抱怨自己命运坎坷，并羡慕他人得到了命运的青睐。实际上，命运从来不会偏爱和青睐任何人。那些成功的人、伟大的人，之所以能够战胜磨难，获得成就，就是因为他们能够坦然面对挫折和压力，从而让自己在人生中腾飞，取得质的飞越。而失败的人呢，也许他们的人生的确充满坎坷，使他们不知道如何面对未来，也变得更加迷惘，所以，他们因为困惑而放弃生命中的努力，最终使自己不断滑落，自然也就离成功越来越远。

现代社会，不管是男人还是女人，都同样需要承担起繁重的生活和工作，女人除了作为家庭的主要承担者之外，更要努力承担起工作，在职场上和男人平分秋色。这样一来，虽然男人在社会上打拼很辛苦，但是女人要身兼数职，更是“亚历山大”。那么，女性朋友们除了要坚强面对压力之外，还应如何去做，才能更好地面对压力，化解压力呢？实际上，无论我们多么努力，压力都会始终存在，唯一的区别在于压力是大还是小。明智的女人知道，生活始终在继续，

压力不可能消除，正确对待压力的方式，就是把压力转化为动力，从而在动力的推动下不断进步，让人生更趋于完美。

很多不懂得如何对待压力的女人，在压力之下会感到非常紧张，也会觉得无法喘息。这使女人情不自禁想要逃跑，却逃无可逃。退一步来说，就算女人真的能逃，也只是暂时的，在女人来不及喘息片刻的时候，问题又会突然袭来，导致女人更加困扰。实际上，女人大多数的压力都来自不自信，女人只有相信自己能够独立面对，能够把一切事情都做好，才能挑战甚至超越困难。坦然面对，能帮助女人缓解很多压力，也能让女人勇敢无畏地迎难而上，从而突破和超越自我。这样一来，女人就会进入良性循环，不断地把压力转化为动力，让自己越来越接近成功。

所谓人生不如意十之八九，没有人的人生会是一帆风顺的。大多数情况下，每个人都会遭遇生活的磨难，也会被生活重压。命运并不会因为女人天生柔弱就特别偏爱或者怜惜女人，与之恰恰相反，女人在漫长的封建时代都处于社会底层，没有地位，没有独立生存的能力，经历了漫长的斗争，才获得了如今的地位和与男人平分秋色的资格。女人当然要珍惜这样的机会，更要迎难而上，从容面对压力，成功转化压力，这样人生才能幸福美满。

亚米一直都在学习音乐，这是因为父母在她小时候发现她有音乐天赋，又想到女孩子学习音乐能够成为如同小精灵一样的美妙女子，所以下定决心要培养她学好音乐。如今，亚米已经成为某大学音乐系的学生，然而，她对于音乐的学习却变得越来越艰难。她看着眼前钢琴上摆放着的新乐谱，知道这是老师今天给她布置的新任务，不由得叹了口气。已经连续很多天了，每隔几天，教授就会给她一个难度更高的乐谱，让她自主练习。随着乐谱的难度越来越大，她的自信心也几乎消耗殆尽，甚至觉得自己在音乐方面全无天赋，只是在浪费时间而已。她不知道教授为何要用这种方式打击她的信心，削弱她的意志。她沮丧地拿起乐谱，勉强自己开始练习。她告诉自己，只要一天没有放弃，就要尽量达到教授的要求，等到自己真的已经尽力了，也就可以无愧于父母的悉心栽培和苦心培养了。

教授从走廊里走过来，但是亚米正在全心全意地练习，所以并没有听到教授的脚步声。已经 3 个月了，教授想来看看亚米在 3 个月的时间里取得了怎样的进步。教授当然很清楚，每隔几天就给这位学生更高难度的乐谱，学生在不断地攀登台阶，进步越来越快。好不容易才看到教授，亚米当即停止演奏练习，提出了自己的困惑："教授，不管我多么努力，都无法达到您的要求，因为您给我的乐谱越来越难，这使我已经很久都没有感受到行云流水了。"这时候，教授什么也没说，而是拿出最早给亚米的那份乐谱，让亚米弹奏。亚米演奏得非常熟练，而且乐曲优美精湛，一个个小小的音符如同精灵般从亚米的指尖下跳跃而出。亚米自己都震惊了。这时教授又拿出第二份乐谱，亚米演奏起来依然非常轻松，毫不费力，在音乐的表现力方面也得到大幅提升。就这样，除了最后几份乐谱还略显生疏之外，亚米对于之前自己曾经认为很高难度的乐谱，已经完全掌握了。这时，教授淡然地对亚米说："假如你始终毫无压力地演奏自己熟悉的乐谱，你又如何能够快速提升自己呢？"

常言道，人无压力轻飘飘，这句话是很有道理的。就像事例中的亚米一样，正是因为她始终被教授施加压力，所以才能取得飞速进步。心理学家告诉我们，压力和动力是可以相互转化的。

面对压力，明智的女人不会焦灼不安，更不会发自心底地排斥，而是会坦然面对压力，接受压力的存在，悦纳压力，因为她们明白，只有这样，才能成功地把压力转化为动力，才能让自己的人生得到更快速的进步。压力也是一种力量，作为力量之一，压力的作用无人可以逃避，但是可以成功转化。人的生活也是不能没有压力的，否则必然处于失重状态。认识到这一点，女人就能坦然面对压力，并且积极拥抱和消化压力了。

第 02 章

看开一点，珍惜现在，不对过往多作纠缠

不管何时，女人似乎都要比男人承受更多的苦难，不但身体上生儿育女操劳过度，精神上也需要更加柔软坚强。很多时候，在男人都无法承受的情况下，更多的女人选择了勇敢面对。生命短暂，如同白驹过隙，现代社会的女人虽然赢得了和男人平起平坐、平分秋色的地位，但是与封建社会女人只需要在家相夫教子的情况相比，现代社会的女人在家庭生活之外，承担了更多繁重的任务。因此，现代社会的女人要想生活得好，就必须更加看得开、心胸开阔，哪怕人生中有再多的艰难困苦，也始终能够做到从容以对。

乐观的女人，善于正面看待问题

人生路上，每个人都必然面临坎坷挫折，尤其是女人，因为生理上和心理上的原因，也必然更加饱经磨难。当面对人生突如其来的灾难时，有些女人选择逃避和退缩，而有些女人则选择坚强面对。的确，逃避从来不是解决问题的好办法，甚至根本于事无补，只会导致一切更加艰难。所以，明智的女人，面对困难从不畏缩，而是积极勇敢地站起来，直面问题，从而在人生之中获得主动权。

有人说，人生就像是一场接连一场的比赛，在这无数次比赛中，我们也许可以暂时获胜，却不会永远都得到命运的青睐，这也就注定了每个人都会在人生路上遭遇坎坷挫折和磨难。我们唯有积极向上，永不认输，才能最终攀上人生的高峰，领略无限风景在险峰的人生，成为人生的赢家。女人更是如此，因为命运从来不会因为女人天生柔软就特别偏爱或者照顾女人；相反，女人要想突破自身的局限，和男人平分秋色，就必须加倍努力。很多女人在面对困难时都会出现畏难情绪，这完全符合人趋利避害的本性。然而，困难始终存在，并不会因为我们的畏惧退让半步。任何情况下，我们唯有对生命多作磨砺，才会对人生有更多的希望和憧憬，才会鼓起勇气、充满力量地面对人生，超越人生的重重困境。

生活多艰，女人要想拥有成功的人生，或者是充实且与众不同的人生，就

要怀着积极的人生态度，不断进取。现代社会各种情况瞬息万变，人们面临更多的人生机会，也必然要承受更大的压力，遭遇更多的困境。越是在艰难的时候，越是要做好准备，这样才能抓住转瞬即逝的机会，从而让自己的人生绽放异彩。

人们常说，性格决定命运，心态决定人生。这并非是完全唯心主义的自我安慰，而是符合心理学客观规律的道理。生命之中充满了奇迹，很多时候，当我们心态变得美好时，我们眼中的世界也会变得美好。如果我们终日愁眉苦脸，不愿意改变心态从容面对生活，那么也就不要抱怨命运总是对我们展现哭脸。不得不说，当我们一心一意地想着什么时，什么就会出现。这其实是一种心理潜意识的强大作用。

毋庸置疑，生活不如意十之八九，很多时候我们都无法做到顺心如意。然而，方向是必须有的，唯有如此，我们的人生才会事半功倍。而且，正如马云所说，梦想也是要有的，万一实现了呢！不管遇到什么事情，既然愁眉苦脸和胆怯退缩并不能让我们真正解决问题、让一切都好转起来，那么我们就应该积极乐观，满怀希望和热情。

遗憾的是，现实生活中很多人都喜欢抱怨，而且未雨绸缪之态已达到了杞人忧天的程度。他们陷入焦虑之中无法自拔，最终使得自己原本不安的生活变得更加焦灼。为何我们不能坦然从容地活着，面对人生的一切境遇呢？尤其是女人，更容易陷入焦虑之中，以致生命中的一切都更加糟糕。不得不说，如果女人怀有积极乐观的心态，那么她们的人生也会产生积极的转变。不但她们的心理和行为会得以改变，她们的人生境遇也会有积极的改变，这就是积极心态的力量。

明智的女性朋友们，从现在开始让自己乐观起来吧。当你凡事都往好处想时，你会发现一切其实并没有那么糟糕。当你微笑着面对这个世界时，你会发现这个世界非但不可恨，反而有很多惊喜在等着你！

抛开生活琐事，女人才会更快乐

不可否认，和男人的粗枝大叶相比，女人总是心思细腻、非常敏感，同时也是多愁善感的。正是因为这样的心理和感情特点，使得女人很容易陷入愁思之中。很多男人会发现，女人忧虑的事情都是生活中不值一提的琐碎小事，这些事情在男人看来根本无所谓，却总是在女人心中掀起涟漪，使得女人根本不知道要如何面对自己、面对生活、面对人生。

人人都知道，生命短暂，转瞬即逝，对于女人而言，美好的青春时光更是非常短暂，如同白驹过隙，也像是王菲的那首《流年》所唱的一样。然而，偏偏有很多女人总是想不开，她们在遇到人生重大变故的时候能够一往无前，却又常常被生活中的琐碎小事扰乱心绪，变得沮丧绝望，恨不得推翻人生，让一切都重头再来。的确，女人的情绪化和冲动性格，常常让她们恨不得颠覆人生；然而，谁又能保证，人生在重来以后，事事都能满足女人对于生活的一切设想和期望呢！

常言道，清官难断家务事，这恰恰意味着，生活中，尤其是家庭生活里，是没有道理可讲的，也是根本讲不清楚那些所谓的道理的。面对事业，女人可以竭尽全力去打拼，闯出属于自己的一片新天地；但是，面对人生，尤其是面对琐碎的生活，如果女人还是这么一本正经，就只会徒增烦恼。既然改变不了生活的本质，那么女人最该做的就是让自己心胸开阔，从而使自己可以更加坦然地放弃生活的琐事，而把更多的注意力用于关注对生命的探索。

很多女人都会情不自禁地为生活的琐碎而烦恼。她们或者因为生活不满意，或者因为事业倍感困惑，或者被感情生活所困，又或者因为经济上的紧张而感到人生局促……不管一个女人多么努力，生活也不会让她事事顺心如意，所以，

如果女人整日只记得这些不开心的事情，那么人生就会变得愁眉苦脸。尤其是有很多女人还会陷入过去的愁苦中，始终无法自拔，殊不知，事情一旦发生就会成为无法改变的历史，与其因为过去的事情自我禁锢，还不如把更多的时间和精力用于设想和规划未来。

在所有人的眼里，芬妮都是一个值得羡慕的女人。她不但有自己的事业，而且还嫁了一个好老公，有大房子、好车子，还有一个可爱的儿子。为此，每当公司里的小姑娘们看到光鲜靓丽、气质高雅的芬妮时，都不由得在心中感慨：芬妮这是几辈子修来的福气啊，我们宁愿少活 10 年，也想要拥有这样的生活！

有一次，一个女同事问芬妮："芬妮，为何命运如此青睐你，你总是如此高兴呢？看你整日神采奕奕的样子，我们简直觉得你毫无烦恼，让人羡慕死了。"芬妮不以为然地说："命运并没有青睐我啊。我很小的时候就失去爸爸，和妈妈相依为命过着穷苦的生活；我和老公结婚后，因为输卵管堵塞，几年的时间里都在四处求医问药，好不容易才迎来儿子的降生；我初入这个行业的时候，曾经数次被领导或者师父骂哭，他们都觉得我简直笨得无可救药……包括现在，我的公婆身体不好，双双入院，我每隔一天就要去医院守夜……"听到芬妮的诉说，女同事惊讶不已："天啊，芬妮，我们根本看不出来你也遭受过这么多的坎坷挫折，我们都以为你一定是顺风顺水的。"芬妮淡然地说："这些坎坷其实是理所应当存在的，所以我坦然接受，从不抱怨。因为，即使我抱怨，情况也不会变得更好，还会变得更糟糕，我自己的心情也会变得紧张不安。既然如此，我为何不积极努力地改变命运，从而让一切都更加从容呢！"女同事感慨地说："芬妮，看来我们以后不应该羡慕你的好运，而应该学习你不为生活小事烦恼，勇敢面对和解决问题的精神！"芬妮笑着点了点头。

芬妮的讲述告诉我们，没有任何人可以在命运的青睐之下无忧无虑地度过一生。所以我们要做的不是抱怨命运，而是勇敢地面对命运，真诚地拥抱命运，同时积极地改变命运的一切赐予。只有这样，我们才能够得到命运的馈赠，在圆满解决问题之后，获得更加顺遂如意的人生。

曾经有一位心理学家做过一项实验，他让实验对象将自己忧愁的事情写在一张纸上，并且把这些纸都收集起来，然后让实验对象按部就班地生活。最终的结果显示，当心理学家在一段时间后再召集实验对象打开他们当初写下的烦恼时，只有极个别人担心的事情成真了，而大多数人担心的事情并没有发生。这个实验告诉我们，很多的忧愁焦虑其实都是没有必要的，我们要做的是把握当下，抛弃那些小小的烦恼和忧愁，不再杞人忧天，这样我们的生活质量一定会大幅提升，我们的幸福感也会大大增强。

把心放空，女人会更轻松

现代社会，不仅男人女人，连小孩子都承担着巨大的压力。封建时代，女人只需要留在家中相夫教子，一切对外的事情都由男人负责打理，这样固然轻松，却导致女人地位降低，毫无权利可言。经过漫长的斗争，如今女人终于可以走出家庭，走入社会，和男人一样平起平坐，哪怕在职场上也与男人平分秋色。不得不说，女人的确找回了社会地位，也由此承担起更重要的责任。

如今的女人切实地顶起了半边天，而她们肩负的担子也越来越沉重了。她们走出了家庭，走出了厨房，进入到社会生活的广阔天地。然而，她们也倍感压力，不仅事业负担沉重，与此同时还要肩负起沉重的家庭负担。很多职场女士不但要每天买菜做饭洗衣服，照顾好家人的饮食起居，还要做好工作上的事情，在职场上像男人一样打拼。渐渐地，女人失去了属于自己的时间和空间，

甚至连喘息的间隙都没有，不免觉得压力重重，身心俱疲。

在倍感压力的情况下，女人当然要找机会来释放自己，从而减轻自己的生活负担和工作压力，哪怕工作再忙碌，也要在生活中培养属于自己的兴趣爱好，从而寻找到更多的生活乐趣，以这样的方式给自己减轻压力。很多女人如同上了劲的陀螺一样停不下来，一个台阶一个台阶地攀登，总也达不到终点。然而，劳逸总是要结合的，只有张弛有度，才能取得可持续性发展。所以女人要学会给生活叫停，学会把自己的心放空，这样女人才能让自己恢复轻灵。

毋庸置疑，人生之中充满了各种变数和不如意，任何人都不可能在生活和工作中面面俱到。我们总是会遇到不喜欢的人和事情，也会感到巨大的压力使得自己情绪波动，但是无论如何请记住，人生是一个漫长而又艰难的过程，每一个人都不要轻言放弃，唯有笑到最后的人才是笑得最好的人。

文文是个内向的女孩，非常安静。大学毕业后，文文进入家乡的中学当了一名中学老师，但是因为觉得老师的生活很枯燥，再加上中学生难以管教，所以她最终决定辞职。这个时候，文文恰巧得知大学同学曹伟任职的公司正在招聘文员，因而投递了简历。有曹伟为她推荐，文文很顺利地进入公司。然而，私企的工作节奏和当老师完全不同，文文一下子就像是从慢速火车变成高铁一样，飞速旋转不停，白天的工作时间里除了中午火急火燎地吃个囫囵饭之外，几乎没有一分一秒是闲着的。

文文在工作之余，总是觉得身心俱疲，劳累不堪。看到文文如此紧张和焦虑，曹伟建议她不要这么绷着，而要把心放空，就把自己当成一个小学生一样努力学习，像空着的杯子一样去装东西，学习新的知识和经验。在把自己真正当成一名学生之后，文文果然觉得内心轻松很多。她不再想着自己是否会遭到同事的嘲笑，而是一心一意只想抓住一切机会学习，充实自己。

现代社会，很多在职场上打拼的女人总是感到压力倍增，她们有着自己的人生理想和梦想，也想有更好的发展，却又常常感到身心疲惫。在这种情况下，女人要想在社会上站稳脚跟，不被社会淘汰，成为成功的职业女性，就要学会为自己减压。现代社会，从环保的角度讲要进行可持续性发展，对于人而言，也要进行可持续发展，只有张弛有度，才能避免心理压力过大，导致人生不够从容。

女人要学会寻找快乐，放空心灵，不要总是牢记一些无关紧要的事情而把自己的心塞满。寻找快乐，是女人减压的最好方式之一。此外，女人还要学会发现生活的美，从而让自己的人生变得更加绚烂多彩，充满快乐。对于生活和工作中的很多琐事，女人一定要保持平常心，千万不要过于紧张。作为女人，当我们的脸上挂着微笑，当我们的心中充满积极的力量，当我们对待一切都很自信，对待他人又足够善良和宽容时，我们就离“无压”女人越来越近了。

偶尔开个小差，也是疼爱自己

当我们坐在飞速行驶的列车上时，总是因为看不清楚窗外疾驰而过的风景感到遗憾。人生也是如此，当我们在人生的道路上行走得过快时，我们也便看不清楚人生道路两旁的风景，最终，虽然我们急急忙忙地奔到了人生的目的地，却因为毫无收获，而遗憾于人生的苍白无力。

虽然我们经常说人生要不遗余力地奔向目的地，也要目标明确，这样才能更加充实果断。但是人生这场旅程很特别，对于人生而言，最终的到达并非最重要的，最重要的是我们在人生的路上经历了什么、看到什么、镌刻了什么。如果人生终日忙碌，那么即便我们的心非常强大，也难免觉得疲惫不堪。当我

们不堪重负时，一味地奔波向前，无疑是事倍功半的；唯有给自己的心情放个假，我们才能得到更加美好惬意的人生。

人生之中，偶尔需要开个小差，这种疼爱自己的方式不需要我们付出很多，却会使我们倍感轻松。在忙碌的生活中，我们偶尔挤出一个下午的时间喝茶、听音乐，或者去郊外走一走。如果是女性朋友，也可以放下手中繁重的工作，去做个SPA，从而让自己的身心全都放松起来。毕竟，工作不是一天就可以做完的，而我们作为女人不管多么努力，也不可能让烦乱的家一下子变得整洁有序。一日三餐，循环往复，当我们因为柴米油盐酱醋茶的生活感到厌倦，何不出去下回馆子，吃点儿自己喜欢的美食呢！唯有如此，我们才能给自己的心情放个假，让自己的心情变得更加从容淡定……

活着本来就是一件很艰难的事情，如果说男人打拼事业很不容易，那么女人一边打拼事业，一边照顾家庭、关心孩子，就显得更加不容易。适时地给心情放个假，也是疼爱自己的好方式；让自己的思想如同放飞的风筝，神游物外，更是能够帮助我们变得身心轻灵。

连续几年高三班的班主任生涯，让小玉感到疲惫不堪。从最初毕业的时候怀着激情走上讲台，从最初在课堂上激情澎湃地给学生们讲课，从最初满怀梦想希望自己能够成为教书育人的灵魂导师，到现在对于工作感到非常疲惫，对于人生也失去了最初的激情和梦想，小玉觉得自己的情况糟糕透了。

这个学期开学前夕，校长再次让小玉担任高三班班主任。“累”就像是已经镌刻在小玉的心里一般，和小玉如影随形。小玉实在不想再担任班主任的工作，因而去找校长请辞，难免多聊了几句，也告诉校长自己如今的迷惘。校长一本正经地对小玉说：“除了你自己，没有人能够把你从这种颓废劳累的状态中解救出来。当你怀着一颗真诚快乐的心面对学生时，你会发现教书育人的工作是这个世界上最有成就感的工作，你也能从中挖掘到更多的乐趣。给自己放个假吧，我给你几天假期，你可以四处走走看看，也许忙碌会使人远离自己的心，而行走着恰恰能让你离自己的心越来越近。”小玉听从了校长的建议，不但给自己放了假，也给学生放了假，等到她回来之后，她与学生之间的感情截然不同了。

的确，与三尺讲台陪伴一生，这需要多么深沉的爱与耐心！然而，快乐从来不会从天而降，而是需要我们自己努力去创造。小玉要想得到快乐，就必须给自己一个心灵假期，从而让自己的思想如同风筝一样飞得更高、更远，无拘无束地享受天空的自由。

作为职场女性，我们一定要记得给自己的心灵放假，让自己真正摆脱家庭和事业这种两点一线的生活。当然，放松的方式有很多，可以是远离现在的生活，去野外放空；也可以是把自己的家里整理得井井有条，从而使得一切都焕然一新；还可以是让自己一天甚至几天的时间里什么也不做，最终找回初心。总而言之，不管是劳累还是休憩，都不能毫无限度和节制，而真正聪明的女人唯有张弛有度，才能更加成功地把握人生。

没有不吃苦的人生，女人坦然面对苦难

有谁的人生是从来不吃苦的呢？当然没有。很多时候我们羡慕他人的成功光环，眼馋他人的光鲜亮丽，却不知道他人也是从苦水中蹚过来的，也有自己不为人知的苦恼和忧愁。对于一个女人而言，或许苦难会夺走她的青春岁月，使她在苦难的磨砺中变得日渐衰老，也或许困难会拖垮一个女人的身体，给她满身的伤痛和伤痕，但是只要这个女人依然对生活充满希望，对未来满怀憧憬，

她对于生活的热情就绝不会消逝。

很多女人非常排斥苦难，面对苦难只想一味地逃避，甚至恨不得打碎苦难，让苦难再也无法伤害她们。遗憾的是，苦难总是和人生如影随形，甚至是人生之中必不可少的存在之一。对于女人而言，尽管苦难是一种非常严峻的考验，但是，只有在苦难中涅槃的女人，才能够得到升华，也才更懂得生命的意义。在困难之中，原本柔弱的女人变得坚强和自立，原本娇滴滴的女人在不知不觉中学会了吃苦，更重要的是她们的心更加坚定不移，她们看待世界的眼光也越来越深邃从容。这就是苦难对于女人的馈赠。

没有人的人生会与苦难绝缘，既然如此，女人与其在面对困难时退缩畏惧，不如坦然地迎难而上，勇敢迎接苦难的到来。当女人面对苦难的心态改变时，相信女人的人生也会变得截然不同。

作为一名退休职工，已经 65 岁的张大妈一生可谓艰难坎坷，她也因此饱尝生活的艰辛。当年，张大妈结婚没多久，她的丈夫就因为突如其来的车祸受到重伤，失去劳动能力，下半生不得不躺在床上度过。而张大妈也许是因为着急，也许是因为焦虑，以致影响了腹内胎儿的健康，她的儿子出生之后居然是个先天愚型患者，也就说常人所说的痴呆。

坚强的张大妈没有离开这个屋漏偏逢连夜雨的家，虽然亲人朋友都劝说她趁着年轻重新开始，但是她还是义无反顾地留了下来，成为这个家的支柱。如今，30 多年过去，张大妈的老伴前些年去世了，她的儿子也长大了。儿子的智力始终相当于几岁的孩子，根本无法自理，张大妈就这样一边工作，一边把儿子带在身边。老伴去世后，张大妈更是一心一意扑在儿子身上。直到有一天，儿子不小心走失，张大妈如同疯了一般四处寻找。很多人都让她放弃吧，这样还能找个老伴度过后半生，但是张大妈没有听。她整整找了一个多月，才在离家几十里地的地方找到儿子。从此之后，张大妈和儿子相依为命，她辛苦地攒钱，

想等自己老了不在了，把儿子送到特殊的机构去照顾。

毫无疑问，张大妈的一生是浸透了苦水的一生，她几乎没过过顺心如意的日子，始终被丈夫和孩子拖累，但是她无怨无悔。在疾病和困苦中，她青春不再，走向人生的风烛残年，但是她依然心怀希望，对于孩子不离不弃。张大妈有这样的儿子是不幸的，但是对于她的儿子而言，有这样的妈妈是人生的大幸。张大妈之所以能够熬过人生中最艰难的时刻，就是因为她的心中有希望，她也从未放弃过希望。

常言道，宝剑锋从磨砺出，梅花香自苦寒来。任何时候，面对生活的艰难困苦，我们都要勇敢面对，而不要怨天尤人。既然命运安排我们苦尽甘来，我们就要努力地吃苦，这样才能等到生命的回甘。很多人觉得自己的一生单薄而又苍白，殊不知，苦难恰恰能够帮助女人拓宽生命的宽度，让女人的人生更加丰盈厚重。

学会遗忘，才能拥抱现在

每一个人的人生都是在不断犯错和摔跟头的过程中获得成长的。可以说，每一段对过往的回忆，都是人生成长的影子，都记载着人生成长过程中一步步深深浅浅的脚印。在女人的记忆中，更是有很多这样的脚印，或者带给女人嘴角的一抹浅笑，或者让女人感到锥心的疼痛。毋庸置疑，既然人生是有苦也有甜的，那么关于人生的回忆，也必然充满着酸甜苦辣。对于那些有助于我们人生发展和生命成长的过往，我们当然可以常常温故而知新；但是如果回忆只能给我们带来痛苦，让我们变得歇斯底里，那么我们为何不学会忘记呢？

很多男人都想不通，为何女人这种生物的记忆力那么好。尤其是夫妻之间吵架的时候，女人往往能够把几十年前的事情都翻出来说个一清二楚，甚至连任何细节都不曾遗忘过。然而，女人忘记了，生活不是考试，不需要我们牢记每一个知识点。对于每一个人而言，唯有忘记那些让自己沉重的过去，才能更加轻松地迎接美好的未来。如果一个女人总是沉迷于过去，那么过去就会成为她心上的枷锁，不但禁锢了她，也禁锢了她身边那些关系亲密的人。

很多女人还因为沉迷于过去的伤害之中，导致自己根本不敢放开脚步、勇往直前。如果任由记忆的野草疯长，那么在有限的心灵空间里，我们又如何留出更多的空间给美好的感情驻足呢？所以，明智的女人会像整理房间或者衣柜一样，毫不迟疑地丢掉那些无用的记忆。所有已经发生的事情，最重要的意义就在于警醒我们更加积极地面对未来，而不是要填满我们凌乱不堪的心，使我们明知往事不堪回首，却又忍不住要一次又一次回首。人生的每个阶段都有特定的任务，如果我们总是纠缠于过去而错过了现在的好时光，那么我们注定也将失去未来。朋友们，就让我们把过去打包，让它留在过去，然后轻装上阵，快乐前行吧！

乔乔和周周是初中同学，初中毕业后，乔乔考入高中和专科连读的师范学校，而周周则考入重点高中，开始为了高考而努力冲刺。正是在这段时间里，悠闲的乔乔和周周开始了书信往来，他们的感情也在鸿雁传书中越来越深厚。

5年后，乔乔毕业了，分配进入家乡的一所中学教书。周周呢，高三复读一年，所以在乔乔毕业的时候，他才刚刚开始读大二。有了自己的收入，令乔乔觉得很高兴，因为这样她就拥有更多可以自由支配的钱，也可以随着自己的心愿给周周提供经济援助。转眼之间，两年的时间过去，在这两年里，乔乔的大部分工资都给了周周去买各种各样的生活和学习必需品。然而，在周周大学最后一年，突然和乔乔的联系少了。乔乔觉得有些不对劲，因而特意去了周周读书的城市，却发现周周正在和导师的侄女谈恋爱。的确，对于即将大学毕业的周周来说，和导师的女儿谈恋爱，无疑会让他拥有更多的加分项，毕业找工作的整个过程都会顺利很多。为此，虽然乔乔全心全意地挽留，周周却还是义无反顾。就这样，周周离开了乔乔的生活，而乔乔也错过了几年的时间，变成了大龄剩女。

在家乡那个小县城，二十七八岁的乔乔已经算不小了。为此，家里人突然着急起来，爸爸妈妈更是四处托关系找朋友，发动一切力量给乔乔找对象。尽管他们也怨恨周周的薄情寡义，但是无计可施，毕竟爱情是两厢情愿的事情，强扭的瓜总归是不甜的。后来，乔乔经历过几次相亲都无果，只好无奈地和学校里的一个大龄男老师组建了家庭。时光如逝，转眼之间，乔乔的儿子都5岁了。有一天，乔乔无意间在网站上看到周周在工作单位年会上的发言视频，心中不由得怦然一动。对于现在如同白开水般的生活毫不满意的乔乔，对周周更是充满了憎恨。后来，乔乔把这件事情告诉了闺蜜静静，静静说："乔乔，忘记过去吧。你的儿子都5岁了呀，你要是还充满憎恨，说明你还没有从过往中走出来，也说明你对现在的生活不满意。调整好心态，握在手里的幸福才是实实在在的。"

正如有人所说的，爱的反面不是恨，而是遗忘。乔乔在无意间看到周周的视频之后依然如此心潮澎湃，恰恰正如静静所说，她还活在过去里，还没有把那一页掀过去；那么乔乔对于现在的丈夫，也必然只是怀着结婚的目的才勉强凑合在一起的。这样的人生，怎么可能得到幸福呢？又怎么可能会圆满呢？希望乔乔听从闺蜜静静的建议，真正学会遗忘，真正从充满遗憾的过去的感情经历中走出来，全身心投入现在的婚姻生活。

人生中，我们真正能把握的只有今天，昨天已经成为不可更改的历史，明天也远远地还未到来。而要想拥有美好幸福的明天，我们就必须把握住今天，过好每一个今天。所以，女性朋友们，千万不要再沉湎于过去的一切，从现在开始就让自己忘掉那些不愉快，以崭新的姿态重新开始绚烂的人生吧！

第 03 章

放松心情，做自在女人，不为难自己的心灵

每个女人都希望得到幸福，可以说幸福是女人一生追求的终极目标。不管是在家里相夫教子的全职太太，还是在职场上打拼的女强人，其实都是想要凭借自己的努力获得幸福。不过很多女人在追求幸福的时候，都会加上一个“小”字，因为她们不想压迫自己太紧，而是想要给自己留下更多的余地和空间。她们希望自己在生活中游刃有余，而且能够做到进退自如，因而她们懂得人心很大，幸福很容易悄悄溜走。所以，明智的女人不会轻易为难自己，而是知道人生短暂，要放松自己的心灵，尽情享受生活的美好。

世界上，并没有完美无瑕的幸福

在这个世界上，没有绝对完美的人，也没有绝对完美的幸福。因此，尽管很多人穷尽一生想要获得十全十美的幸福，最终却没有结果。因为这个世界上没有绝对的完美，只有十全九美，只有带着一点点小小缺憾的幸福。很多人都惊叹于维纳斯女神的美，也知道维纳斯女神没有胳膊，但是这份残缺并没有减弱维纳斯的美，反而使维纳斯的美更加真实，也显得更加神秘。学过美学的朋友都知道，缺憾或者小小的遗憾，是美永远不可或缺的。我们要想欣赏更多的美，要想得到美的感受和体验，就要学会接受不完美，领悟美的真谛。

作为众人眼中的小公主，菲菲不但长得漂亮，而且家境优渥，因而总是高高在上，人生也一帆风顺，如同真正的小公主一样。菲菲一帆风顺地从名牌大学毕业，后来在父母的安排下进入一家很好的公司工作，也理所当然地被很多优秀的男孩追求，最终她千挑万选，选择了一个特别优秀的男孩，开始了甜蜜温馨的爱情。

然而，菲菲的妈妈却对此提出异议，原来那个男孩家里比较穷，虽然菲菲家里有钱，但是妈妈还是希望男孩家里能够买一套房子作为婚房，再买一套底商，可以让菲菲开一家自己喜欢的咖啡店。然而，男孩家里也许可以砸锅卖铁、

求遍所有亲戚朋友借钱买房，但是买底商是无论如何也做不到的。因而男孩几次三番和菲菲妈妈沟通，希望能够先开店，或者先买房，只先集中全力干好一件事情，等到经济条件有所好转之后，再做另一件事情。但是菲菲妈妈没有任何商量的余地，还因此让菲菲与男孩分手。菲菲从小习惯了听从父母的安排，在自己的婚姻大事上，她虽然也努力争取，但是最终因为父母的坚持而不得不选择放手。

一年多后，菲菲嫁给了父母为她选定的高富帅男朋友，但是结婚才 3 年，菲菲就被丈夫无情地抛弃了。这个时候，菲菲无意间邂逅了前男友，发现前男友在和她分手后并没有自暴自弃，而是奋发努力，现在已然身家千万。菲菲后悔不已，但是世界上没有卖后悔药的，迷惘的她只能独自面对。

人生充满了未知性，这种未知性是变数，也是成功的可能性。我们在面对人生的时候，可以竭尽所能地让自己作出更明智的选择，却无法保证自己的每个选择都是成功的，都是绝对正确的。因为人不可能预见未来的所有事情，事情也不会完全朝着我们所期望的方向发展。任何情况下，我们都要做好两手准备，既想到事情有好的一面，也想到事情有可能出现不好的结果，这样我们才能更加坦然从容。

心理学家认为，人追求完美实际上是一种强迫自己的表现。现实生活中，每个人都有自己与众不同的人生，每个人在人生之中的位置也是各不相同的，所以我们完全无须强求自己达到怎样的状态，而应该在宽容待人的同时也宽容地对待自己。人生短暂，虽然我们要做到不遗余力，但是同时也要劳逸结合，这样才能让自己活得更轻松、更充实。

女人，更要难得糊涂才能幸福长久

人是地球的主宰，是万物的灵长，是不折不扣的精灵。世界上的人分为很多种，按照性别划分，有男人女人；按照身体健康来划分，有健康的人和病人；按照年龄划分，有儿童、年轻人和老人……总而言之，人与人之间有很大的不同，这些不同或者是本质的不同，或者是细微的区别。当然，按照智力划分，还可以分为聪明人和傻人。女人也是如此，女人之中有特别聪明的，也有特别愚钝的，有精明的，也有傻乎乎的，有宽容大度的，也有斤斤计较的。因为智力的不同，所以女人的幸福也各不相同。有的女人精明强干，能力超群，所以在职场上做得风生水起，成为职场上不折不扣的“白骨精”。有的女人呢，没有那么强的事业心，因而最喜欢在家里相夫教子，也生活得很幸福。不管是在生活中还是在职场上，女人都要做到难得糊涂，这样才能更加幸福。

很多女人抱怨自己不够幸运，觉得自己总被命运捉弄，所以才会生活得如此狼狈。其实，这些女人没有如愿以偿得到自己想要的幸福，是因为她们过于精明。职场上的“白骨精”对于工作精明无可厚非，但是如果在生活中也过于精明，就会导致自己活得很累。就像很多人说懂得遗忘的女人获得的幸福更多一样，只有难得糊涂的女人，才能感受到更多的幸福，不至于自寻烦恼，给自己带来更多的磨难。

有的时候，不仅要难得糊涂，女人还应该学会装傻，就是即便心里清楚，也装作什么也不知道、什么也不懂的样子，最终放过别人，也放过自己。其实对于女人而言，面对生活的琐碎，不管她们是真的很傻，还是假的很傻，都已经进入至高无上的境界。对于女人而言，精明也许很容易学会，傻却不是那么容易学的。和聪明女人相比，傻女人让人觉得更加放松，也更轻松，因此很多

男人都喜欢傻女人。古人云，人至察则无徒，水至清则无鱼。这句话就是告诉我们，人不能过于精明，总是洞察一切，否则就会失去朋友；水如果太清澈了，没有任何杂质和微生物，那么鱼就无法在这样的水里存活。

没有人是透明的，也没有人是完全明白的，我们既看不清他人，也无法洞察自己，所以我们理应更加宽容，这样我们才能保留自己的空间，才能做到宽容待人。作为女人，尤其是和男人相处的时候，我们更要学会装傻，从而让男人有自己的空间，保留自己的小毛病。对于男人看破而不点破或不说破，这才是聪明女人的做法。

从结婚之前开始，毛毛就和未来的婆婆因为一些微不足道的小事情闹得不可开交，是老公雷刚顶着巨大的压力，宁愿和父母分开居住，也要和毛毛结婚。不过毛毛也和雷刚约法三章，即结婚以后她不会和雷刚一起回家探望公婆，雷刚也不能因为经常回家探望父母而冷落或者忽略自己。

那毕竟是亲生父母啊，雷刚就算一时冲动疏离父母，也不能彻底离开父母，而只为了自己所谓的爱情。为此，结婚一段时间之后，雷刚和父母的关系缓和了，因而雷刚总是隔三岔五地找时间回去看望父母。为了避免毛毛对自己有意见，雷刚还特意利用工作之余的休息时间去看望父母，而很少占用周末的休息时间。有一天晚上，雷刚告诉毛毛他在单位加班，毛毛当然知道雷刚也许因为临时有事情，需要去父母那里，但是她装作毫不知情，而是叮嘱雷刚要吃点儿东西，不要因为加班时间太长饿着。后来，雷刚深夜 11 点才回家，毛毛没有任何质疑，甚至没有询问雷刚为何加班，而是体贴地为雷刚烧好洗澡水。就这样，雷刚背着毛毛经常去探望父母，只等着毛毛和父母关系缓和，一家人可以其乐融融。毛毛也非常配合雷刚，不管雷刚以任何理由去探望父母，她都故意装傻，从来不拆穿雷刚的谎言。

雷刚非常聪明，他不愿意放弃自己深爱的毛毛，但是也不能为此就疏远父母，因而他选择了一个两全其美的办法——平衡父母和毛毛之间的关系。这样一来，他既能够照顾父母，也能够兼顾毛毛。时间是抚平创伤的良药，随着时间的流失，相信雷刚一定能够缓和父母和毛毛之间的关系，从而让全家团圆。

男人是很爱面子的，聪明的女人如果想要和男人相处默契，不管什么时候都要学会装傻。只有学会装傻，女人才能保全男人的颜面，爱护男人的自尊。哪怕已经练就像孙悟空一样的火眼金睛，能够识破一切妖魔鬼怪，女人也要学会忽视那些不值一提、鸡毛蒜皮的生活小事，给予男人更多的自由和空间。

创造幸福，而不是乞讨幸福

每个人都奢望获得幸福，尤其是女人，更是把幸福作为人生的目标。为了得到幸福，女人们或者成为女强人，或者到处搜寻成功的男人作为幸福的希望和寄托。在此过程中，有些女人甚至把人生的希望完全寄托在男人身上，而忘记了自己的初心。不得不说，这样的女人已经忘记了生命存在的意义，更忘记了自己也是可以靠着双手创造幸福的。

电视剧《我的前半生》中，马伊琍扮演的女主角罗子君，就经历了一个失去自我后来又重新找回自我的过程。她之前非常享受全职太太悠闲惬意的生活，甚至对自己完全失去了信心，觉得自己一旦离婚就会生不如死。直到在闺蜜唐晶和闺蜜男友贺涵的帮助下，她不得不鼓起勇气重新面对自己糟糕的人生，面对自己人生中的低谷，这才发现原来靠自己也可以。最终，她不但赢得了男神的倾心，也令前夫对她刮目相看。从罗子君的奋斗史中我们不难看出，一切幸福都是要靠自己争取来的，正如剧中贺涵所说，没有人能依靠别人顺风顺水地

过一辈子。所以女人都应该如同罗子君一样，即便由奢入俭难，也要鼓起勇气，满怀信心地不断奋勇向前。

艾米曾经是一名全职太太，在家里相夫教子，为了让她轻松一些，老公还特意请了一位能干的保姆，负责照顾艾米和儿子的生活起居。每到节假日或者是纪念日，老公总是想方设法地准备各种礼物，艾米曾经无数次告诉自己：我真好命，居然找了个这么好的老公。

然而，一次出差彻底改变了艾米的命运。就在那次出差过程中，艾米的老公和女上司发生了不正当关系，女上司铁腕强权，用尽手段，最终让艾米的老公提出了离婚。艾米得知消息时简直觉得天都塌下来了，她恳求老公不要离婚，给孩子一个完整的家庭，但是老公似乎心意已决，变得非常绝情。在老公的坚持下，艾米最终同意了离婚，虽然她得到了孩子和房子车子，但是她的心被掏空了。她一次又一次徘徊在生死边缘，想到年幼的儿子，又不得不放弃自杀的念头。在沉沦一段时间后，眼看着坐吃山空，而孩子用钱的地方又越来越多，艾米决定出去找工作，重新开始自力更生。想起自己大学时代一边学习一边工作，艾米很有信心。从全职家庭主妇到职场女性之间，艾米走过了很长的一段艰难历程，最终艾米不但成功适应职场，而且把事业做得风生水起。最终，艾米赢得了比前夫更优秀的男士的追求。

爱情的保鲜期是很短暂的，当爱情渐渐逝去，在婚姻之中为了家庭付出更多也放弃更多的女人，必然面临很多的困境。在这种情况下，女人只凭着一味的苦苦哀求，是不可能让男人因为可怜她而回头的；相反，女人只有竭尽所能地保持自力更生，才能更加赢得男人的倾心。

很多人把结婚比作是女人的第二次投胎，的确，婚姻是否成功，对于女人影响很大，但是并非所有女人都能在婚姻中找准自己的位置，从而把婚姻经营得圆满幸福。有很多女人在婚姻过半的时候，或者发现婚姻并非自己所期望的样子，或者被负心汉抛弃……无论如何，女人都要勇敢面对婚姻的变故，这样才能让自己成为命运的主宰，才能获得理想中的人生。

女性朋友们一定要记住，幸福不是苦苦求来的，而是靠自己的努力去创造和争取的。没有人有权利影响和决定你的人生，除了你自己。从现在开始，让我们掌好命运的舵，在人生的茫茫大海上扬帆起航吧！

累与不累，全由女人说了算

生命对于每个人而言，只有一次机会，而且绝不可重来。很多女人想明白这个道理后，都努力认真地活着，对于任何问题都一本正经，绝不愿意放松。实际上，虽然人生苦短，但是若过于认真和紧张，也是会让女人非常辛苦的。真正对待人生豁达从容的女人，不会让自己活得非常辛苦，而是会适度放松自己，让自己活得有理想，有追求，也有享受。

现实生活中，很多女人常常觉得自己的心非常沉重和劳累，而她们觉得累的原因多种多样，或者是因为处境不好，或者是因为与朋友关系不顺，或者是因为工作上遭遇坎坷。总而言之，人生不如意十之八九，每个人在现实生活中都会因为各种各样的问题导致身心疲惫，郁郁寡欢。然而，和历史的长河相比，我们就像是某个时间段出现的一粒沙子，在这种情况下，我们又何必把自己看得那么重要而不可或缺呢？既然人生注定了是一场艰难的旅程，我们就没有必要因为任何原因对自己生活中小小的不如意耿耿于怀。岁月漫长，我们只能在漫长的旅途中走过一小段路程，且根本无法后悔，更无法改变自己已然犯下的错误。这样想来，我们与其沉湎于过去，不如从现在开始就努力地看向未来。

前路上必然有更加美丽的风景在等着我们，我们只有全心全意奔向前方，才能欣赏到人生路上沿途的美景。

很多人都看过《红楼梦》，有人喜欢书里的林黛玉，有人喜欢书里的薛宝钗。的确，黛玉固然多愁善感，惹人爱怜，但是她的多疑和忧思，不但给她，也给她身边的人带来了几多愁苦；相比之下，薛宝钗则显得善解人意。如果放在职场上，薛宝钗会是一个很好的队友，而林黛玉则不是。实际上，事情既然已经发生，且成为定局，一味地沉浸其中感到懊丧，并非理智和明智的选择。最好的面对方法是走出去，心怀希望，信念坚定，这样才能走到人生更为广阔的天地中，看到更加美丽的与众不同的风景。

敏儿从小就是个乖巧懂事的孩子，她的爸爸很爱喝酒，因此，尽管她很优秀，却常常感到自卑。在这样的成长环境下，敏儿渐渐长大，也和爸爸越来越疏远。虽然爸爸提供给她相对不错的物质条件，但是她恨不得马上长大，考上大学，走得远远的，离开爸爸。

后来，敏儿顺利地大学毕业，留在大城市生活和工作，和爸爸一年之中也见不到几次面。有一次，妈妈打电话给敏儿，说爸爸又喝醉了，还和她动手了。敏儿很挂念妈妈，不知道妈妈是否受到爸爸的伤害，也不知道妈妈要如何度过这样不幸的一生。为此，敏儿写信给妈妈，建议妈妈离婚，不想妈妈却当即回信把她大骂一通，教训敏儿不该介入父母的感情生活，还说从未有过孩子劝爸爸妈妈离婚的。敏儿这才意识到，原来，这么多年自己背负在心里的沉甸甸的痛苦，对于当事人妈妈而言并非一种折磨，而是已经习惯成自然了。想到这里，敏儿觉得应该放开自己，不想再被爸爸爱喝酒的事情影响。

她想通了，也不再因为爸爸每次喝酒之后就和妈妈争吵的事情烦恼，而是劝说自己：那是他们夫妻俩的事情，孩子也是外人，也不能干涉。就这样，敏儿不再那么苦恼那么心累了。她的每一天都变得阳光灿烂，她也开始接受男孩的追求，享受快乐的恋爱时光。

女人常常因为各种各样的原因感到身心俱疲，不管是家庭的、学习上的、工作上的，还是生活中原本不值一提的小事，都会让原本就敏感的女人变得更加沉重。然而，女人的痛苦很多时候就是源于心态。如果女人能够拥有好心态，让自己想得开也放得开，那么女人就会得到更多的幸福。否则，女人只会被禁锢在痛苦之中，甚至根本无法成功摆脱束缚，以致人生始终如同蜗牛一样背负着沉重的壳艰难前行。

随着女人地位的提高，女人的代名词不再是牺牲、隐忍、宽容，忍让等，女人对待生活的态度也不应该再是一味地付出。作为女人，我们唯有怀着一颗真诚宽容的心，放过自己，才能为自己赢得更加美好的人生。

放飞人生，你始终在路上

当你因为生活四处奔波，因为工作疲劳不堪的时候，与其硬撑着，不如放飞心情，让自己偶尔闲下来，做些自己喜欢的事情，或者什么也不做，就那样安安静静地待着，看一看夕阳，听一听海浪，让自己紧绷的心情放松下来，也让自己的人生更多几许轻松愉快。

对于女人浪漫的心而言，现实生活的确是太烦琐复杂了。曾几何时，人们都以为负担生活是男人的事情，更觉得为生活劳苦操持是男人的分内之事。然而，生命有着不可知的未来，随着女人的社会地位越来越高，女人也要面对复杂的生活，承受生活的繁重。虽然女人已经撑起了半边天，但是随之而来的一切也让女人不堪其扰。我们固然无法推掉身上的一切责任和重负，但是我们依

然能够找出闲暇时间，让我们的心奔向诗和远方。

很多女人喜欢虚无缥缈地活着，爱追求那些看不见摸不着的生活，实际上，生活就是要脚踏实地，踏踏实实的。但是这也并不意味着生活要一直保持枯燥无味，要知道，生活自有其生动的一面。我们也唯有更加积极主动地面对生活，才能让生活更加快乐起来。

最近半年来，清然每天都很忙碌。她是一个职场女强人，从大学毕业进入公司工作开始，她就成为一个忙碌的人，后来，随着职位上升，她更是要四处飞来飞去，变成了真正的空中飞人。有段时间，清然因为过于忙碌，导致身体出现问题，医生诊断她胃里有一块息肉。清然感到难受极了，突然感觉到生命正在离自己远去，为此她马上停下手里的一切工作，并把妈妈接到身边，准备做手术。

也许因为精神紧张，清然还出现了睡眠障碍，睡觉的时候经常发生梦魇的现象，以致心力憔悴。为此，妈妈决定手术结束后把清然带回老家那个山清水秀的地方修养一段时间。虽然清然还是放不下手里的工作，但是妈妈很严肃地告诉她，唯有拥有健康的身体，才能使一切都有本钱，才能让清然的人生有足够的资本。清然顺从妈妈，放下手里的一切工作，回到家乡修养半年，才如同满血复活般回到大城市。

每个人都会感到劳累，这是因为人是血肉之躯，不是铁打的，所以不可能如同机器一样始终维持高速运转。清然的经历给了我们什么样的启示呢？那就是我们要照顾好自己的血肉之躯，不要因为始终忙于工作而忽略了身体健康。

尤其是职场女性，必然承担着比男性更大的压力，很多已婚女性还要同时兼顾家庭，因而，调养身心就显得更为重要。毕竟，唯有拥有健康的身体，拥有愉悦的心情，我们才能始终保持良好的状态，让我们的人生变得更加从容淡定。

第 04 章

知足常乐，处于何种境遇都不放弃笑的权利

从某种意义上说，人们得到快乐几乎不需要付出多少成本，但是得到快乐又是最难的，未必是付出某种代价或者成本就一定能够如愿以偿。不管什么时候，快乐都不是从天而降的。尤其是在纷繁复杂的生活中，要想与快乐常相伴，女人就必须放弃自己的抱怨，丢掉哀怨，从而知足常乐，让自己的人生不管遭遇何种困境都能笑声不断。

知足常乐，让心盛满幸福

人生在世，有很多人不知足。例如，没有房子的人，哪怕租来一间小小的平房，也觉得是莫大的幸福。而当夜幕降临时分或者是晨曦微露之时，从室外看着别人家里的灯光，心中却又总会引起无限的怅然和慨叹。然而，等到他们真正有了属于自己的房子，橘黄色的灯光已经无法泛起他们心中的涟漪，他们渴望得到更大的房子，甚至还想除了单车之外再拥有一辆小汽车。尤其是女人，更是容易陷入欲望的深渊之中无法自拔，她们在一无所有的时候奢望自己能够拥有恋人，但是在有了恋人陪伴之后，却总是觉得恋人远远不如自己想象中美好，因而她们奢望恋人变得更加美好，不但高，而且帅，最要紧的是还要很富足，能够给她们想要的生活。这些女人总是这山望着那山高，渐渐地失去心灵的平静，也丢失掉生活中最重要的东西。

女人应该知足，唯有知足才能常乐，也唯有知足才能安排好自己的生活，从而感到发自内心的满足。否则，女人的心也会变成一个无底洞，不管什么时候都无法装满幸福，更无法获得快乐。古人云，知足常乐，这句话是非常有道理的。

很久以前，有个厨师工作的时候总是非常开心，常常哼着歌儿，他的脸

上丝毫没有因为烟熏火燎而愁眉不展的表情。有一位富人虽然很有钱，却常常感到烦恼，因此，看到厨师这么高兴，富人不由得感到羡慕，同时也很纳闷。他问厨子："你为什么这么快乐呢？"厨子说："尽管我只是个厨子，但是我辛苦工作之所得能够供养妻子儿女生活。我们不但有自己的房子，还可以吃上美味的食物，而且我的妻子总是默默地支持我，我怎么能不感到满足而又快乐呢？"富人听到厨子的快乐如此简单，不由得暗暗决定要考验下厨子是否能够一直这么快乐下去。

一天下班回家的路上，厨子在路边捡到一个包裹。他打开包裹时发现里面全是金光闪闪的金币，因而马上抱着包裹气喘吁吁地跑回家里。关好家门后，他迫不及待地开始数金币，但是数来又数去，最终确定包裹里只有99枚金币。他甚至回到沿途寻找丢失的那枚金币，但是毫无结果。次日，他上班的时候加倍努力工作，因为他眼下最想做的事情就是用自己的辛苦和努力挣到一枚金币，从而拥有100枚金币了。然而，一枚金币并不是那么容易挣到的，为此他只好省吃俭用，不愿意再把自己挣到的所有钱都给妻子和儿女使用，而是要求全家都要节省，从而攒到一枚金币。渐渐地，他因为晚上要四处寻找金币，白天又要不遗余力地工作，以致变得疲惫不堪，脾气也很暴躁，甚至对妻子儿女都没有那么和气了。他渐渐地远离快乐，工作时再也不哼唱小曲，而只是一味地皱着眉头埋头苦干。制造这一切的富人不明白，为何厨子在得到99枚金币之后，反而没有之前那么简单快乐了呢！

厨子之所以感到不快乐，就是因为他的心因为缺少一枚金币而变得越来越不知足。原本，厨子对于自己的生活现状是非常满意的，虽然他没有很多的财富，但是能满足全家的生活所需，因而觉得自己很快乐。但是在拥有99枚金币之后，他的心反而像是打开了一个缺口，变得贪婪起来。现实生活中，很多人都和厨子一样，拥有得多了，反而使心不堪重负，变得一点儿都不快乐。尤其是很多

女人，总是觉得别人比自己漂亮，别人的老公也比自己的老公事业有成，房子更是比自己的房子大，因而终日感到不满足，愁眉不展，郁郁寡欢。她们最终失去了快乐，却不知道生活中还有更多人过得远远不如她们，而那些人却拥有幸福快乐的人生。

知足的心，是我们得到幸福快乐的保障。任何时候，我们对于快乐都要更加从容淡然，这样我们才能拥有更多的幸福美好，才能远离人生的困境。女人尤其要懂得知足，毕竟这个世界上的好东西很多，绝不可能只被一个人拥有。正如人们常说的，当上帝为一个人关上一扇门时，也必然为这个人打开一扇窗。由此可见，命运从来不会亏待任何人，关键在于我们要有知足的心，这样才能拥有快乐幸福的人生。

接受人生的不完美，享受小缺憾

很多女人在生命之中都在追求绝对的完美，殊不知这个世界上根本不存在绝对的完美。一个女人哪怕有着倾国倾城的容貌，集天下万千宠爱于一身，她也绝不会是完美的。每个人都是造物主咬掉一口的苹果，这一口是大还是小，决定了我们距离完美的远近。然而，所谓的完美实际上只是一些假象而已，很多时候，完美的事物只存在于我们的想象之中，而我们是否快乐，也取决于我们能否接受自身的不完美。

很多女人喜欢和不完美较劲，她们怀着完美主义的心态，在潜意识里始终坚持不懈地追求完美，最终导致她们对于自身也感到很不满意，甚至抵触和排斥自己。其实，这样的不完美，恰恰是人生真实的存在，而一旦不被接受，就

会被无限放大。相反，假如女性朋友们能够坦然面对自己的不完美，对于自己的缺点和不足绝不苛责，而是顺其自然，那么她们的心境便能淡定从容，对于人生也会有自己的理解和深刻感悟。

不管是生活中还是工作中，一切都不会如同我们所期望的那样，完全朝着我们理想的方向发展。过于追求完美，对于女性朋友而言绝对是个沉重的负担，尤其是现代社会生存压力和发展压力都很大，完美主义者在面对千疮百孔的生活时只会全盘否定自己，对自己失望之极，甚至对自己产生怀疑。要想避免因为自己不够完美而自卑，就要降低对于现实的期望，接受现实的不足，从而避免急功近利，做到尽量坦然地面对生活。人生就是不完美的，甚至那些在我们期望中到来的幸福，也不会那么轰轰烈烈、十全十美。偶尔享受人生的小缺憾，对于女性朋友而言，就是一种实实在在的幸福。

就像这个世界上的每一片土地，哪怕是精心修饰的花园也有可能长出杂草，同样，人心也会有很多的遗憾和荒芜。在阿拉伯，很多人都熟悉一句谚语，那就是“月亮的脸上也有雀斑”。的确，这个世界上还有什么比月亮更皎洁呢？既然月亮的脸上都有雀斑，我们当然也就要接受金无足赤、人无完人的训诫，坦然接受自己的不完美，接受生活的遗憾。就像一个人的长相一样，中国人历来以眼睛大、皮肤白皙等为美丽，但是有些西方国家的人偏偏喜欢哪些眼睛细小狭长、脸颊上长满雀斑的女性，认为她们才代表着东方古典美。再如有些女性朋友在择偶时，也常常会选择眼睛小的男人，觉得他们更有男人味，而且笑起来眼睛眯缝着显得呆萌可爱。所以、女性朋友们，千万不要再因为自己的皮肤不够白，或者自己的长相不够漂亮、身材不够高挑而烦恼。只要你对自己满怀信心，你就会发现你是这个世界上独一无二的存在，你也终究会等到自己的白马王子。可以说，只有放下对完美执念的女人，才是真正洒脱和自信的完美女人。

首先，我们要悦纳自己，承认自己的不完美，接纳自己的不完美，甚至微笑着对待自己的不完美。当然，这样的不完美指的不仅是我们的身材相貌，也包括我们生活和工作中面对的一切。其次，我们还要放宽心胸，不要过于苛责自己。有些女性朋友把自己的人生目标定得过高，不但踮起垫脚够不到，哪怕竭尽全力也不太可能实现，这样一来当然会让自己身心俱疲，甚至陷入深深的自卑中无法自拔。再次，我们在宽容自己的同时，也要宽容他人，不要对身边的人和事情过于苛责。既然我们已经认识到我们是不完美的，那么我们当然也要认识到他人也一定不完美。最后，我们还要避免处处争先。人生总是有着胜负输赢，包括我们和其他人之间，也不可能都是一样的水平。在这种情况下，如果我们有能力，追求上进争第一当然无可厚非；但是如果我们明明知道自己能力不足还要不择手段争取第一，那么我们就会陷入被动和尴尬之中，让自己不堪重负。总而言之，每个人都有程度不一的完美主义倾向，但是我们也必须知道绝对的完美在这个世界上根本不存在。所谓凡事皆有度，我们在追求完美的过程中，也要把握适当的度，这样才能使自己的人生变得更加从容、淡然，趋向于完美。

给镜子里的自己一个微笑

常言道，一年之计在于春，一天之计在于晨。对于每个人而言，每天早晨的好心情，往往决定了一天之内的好心情，所以，在早晨醒来之后，我们要做的就是远离起床气，不要愁眉不展，而要睁开惺忪的睡眼，给镜子里的自己一个真诚的微笑。也许有些朋友会觉得这是形式主义，殊不知，如果这样的形式

做得好，会让我们一天之内都双眉舒展，心情舒畅。

不得不说，对于人生的每一天而言，也许会有很多重要的时刻，而每天早晨起床后和晚上入睡前这两个时间，则是非常重要的时刻。这就像语文里常用的括号一样，我们每天的早晨是左括号，晚上是右括号，如果开头和结尾都很愉快，那么在这一天之内，哪怕面对一些困难和突发的意外，我们也能够顺利解决，从而不把坏心情带入梦乡。同样的道理，我们也唯有早晨起床就拥有好心情，才能令这一天拥有愉快的基调，从而心情愉悦。

大名鼎鼎的作家梭罗，每天早晨起床之后的第一件事情，就是告诉自己能够活着是非常幸运的事情，从而让自己对于生活心怀感激。实际上，我们每个人都应该对生命心怀感激，哪怕命运赐予我们再多的磨难，我们也应该为自己每天能够呼吸到新鲜的空气、闻到花的香味、吃到美味的食物、感受阳光的照耀而感到庆幸。

实际上，命运并不总会对一个人残酷，每个人都能够得到命运的青睐，感受到命运的美好。每天清晨醒来，看到从窗帘中投射过来的阳光，我们会庆幸自己依然活着，也会感受到人生的美好。和朋友相处，哪怕是朋友一句漫不经心的关切，也会让我们感到来自朋友的温暖。偶尔帮助了一个需要帮助的人，我们会更加深切地感受到自己存在的价值。总而言之，生命的意义在于我们的一举一动，我们唯有满怀感激地面对生活，从不因为命运的残酷而抱怨或者心生放弃之意，我们的人生才会更加丰满和厚重。

相较于男人的粗枝大叶，大多数女性朋友都是更加敏感细腻的。作为女人，为了更好地接纳和拥抱生活，我们必须学会遗忘那些不愉快的过往，每天早晨醒来时都对着镜子里的自己微笑，每天晚上入睡前都怀着愉快的心情。总而言之，要想成为一个快乐的人，我们必须学会遗忘过去，从而更好地拥抱未来。尤其是对于那些生活的琐碎之事，我们更要坚决果断地说“再见”，而不要让那些情绪的垃圾堆积在自己的心里，导致自身郁郁寡欢。

很多朋友在年少时都曾经拥有无忧无虑的生活，也会情不自禁地吹起小口哨，愉悦自己的心情。但是随着年岁的增长，不但我们的脸上爬上了皱纹，我们的心中也长满了野草。我们必须学会真正享受生活的乐趣，而不是一味地伪装自己，假装快乐，因为伪装出来的快乐是不可能长久的。

女性朋友们，从现在开始让快乐充满我们的心灵，也让我们的脸上始终挂着微笑吧！微笑，愉悦的不但是我们自己，还有他人。当我们满面微笑时，甚至连我们身边的人也会感受到积极向上的力量，从而与我们更加亲近呢！

面对困境，坚强的女人苦中作乐

没有任何人的人生会与困境绝缘，在人生的道路上，几乎每个人都会遭遇各种各样的困境。在接二连三的打击之下，很多人会渐渐丧失内心的希望，失去生机和活力，尽管这句话听起来文绉绉的，却告诉我们一个不容争辩的事实。尤其是当打击接踵而至的时候，我们更是觉得筋疲力尽，甚至觉得整个人生都变得黑暗无比。我们无法勇敢地站起来继续奋斗，只能在地上爬行。不得不说，以智慧和力量解决问题，尽管这听起来很容易，真正做起来却很难。人一旦丧失希望、勇气和信心，人生就会毫无乐趣可言。

没有任何人喜欢与失败结缘，偏偏有的时候失败总是纠缠于某一个人，甚至不愿意让这个人得以喘息。在一次又一次袭面而来的绝望气息中，女人能坚持多久呢？毋庸置疑，唯有能够坚强面对人生困境的人，才能做到乐观面对人生，才能真正苦中作乐，从而战胜命运的重重坎坷。

有一群鸟生活在位于澳大利亚境内的一座孤岛上。这群鸟的名字叫作长喙鸟，这主要得名于它们的嘴巴又尖又长。不过，这种鸟的嘴巴并非是一样长的，就像人有高矮胖瘦一样，这种鸟的嘴巴也长短不一，有的鸟嘴巴长，有的鸟嘴巴短。短喙的鸟从出生开始就备受歧视，甚至它们的母亲在养育它们两个月之后也会因为不喜欢它们而狠心抛弃它们。而这种鸟赖以为生的野果，只有长喙的鸟才能啄食，因为那种野果有着长长的刺，只有长喙才不容易被刺扎伤。在如此严峻的情况下，短喙鸟很多都被饿死了，因为它们没有食物可以充饥。

长喙鸟看到母亲抛弃了短喙鸟，自己却安心享受着妈妈的照顾，而且能够随时随地吃到美味的食物，因而活得自由自在。有一只短喙鸟在接受母亲两个月的照顾后，很清楚自己接下来将要面临忍饥挨饿的噩运。它勇敢地靠近野果，虽然它很清楚自己无法凭借短喙啄开野果坚硬的外壳，更无法避免被野果长长的刺扎伤，但是它依然毫不气馁，依然忍受着锥心刺骨的伤痛，不停地啄啊啄啊。然而，野果的刺实在太长了，短喙鸟满怀绝望地离开野果，决定飞到更远的地方寻找食物。后来，它在浅海边找到了小鱼，它忍受着难闻的鱼腥味，把小鱼吞咽到肚子里。随着对小鱼味道的习惯，它越来越觉得这种小鱼比野果更美味。在这只短喙鸟的启发下，其他短喙鸟也纷纷效仿，因而短喙鸟得以生存。后来，它们不但吃鱼，还吃很多其他美味的动物，而长喙鸟却依然只吃野果。数年之后，短喙鸟变成了鸟中的霸主，它就是——鹰！

不得不说，短喙鸟的命运原本是非常悲惨的，它们甚至遭到母亲的嫌弃，被母亲抛弃，最终饿死。但是，为了生存，短喙鸟决不放弃努力，而是四处寻找食物，最终不断地开拓进取，成为鸟中的霸主——鹰！不得不说，它们之所以有凤凰涅槃的蜕变，就是因为它们有着永不服输的精神，而且从来不会轻易放弃。

现实生活中，很多女性朋友也如同短喙鸟一样，会遭受各种艰难的处境。

如果低头放弃，她们就会变得更加悲惨，而且无人怜悯，她们只能接受命运的裁决，不是在自暴自弃中死亡，就是在自暴自弃中沉沦。但是，如果女性朋友们能够学习短喙鸟，心怀希望、寻找生机，勇敢面对一切的艰难困境，那么就能够破茧成蝶，迎来崭新的人生。

乐观面对人生，就是最大的财富

现实生活中，很多人都非常悲观，觉得自己的人生一无所有，因而也就自暴自弃，不再努力。殊不知，对于人生是否能够充满张力，我们在出生那一刻拥有的一切固然会起到辅助的作用，但是真正起决定作用的，是我们的心态。有人说，我们不能因为别人的起点是我们努力奋斗也未必能够达到的终点就放弃努力。相反，哪怕起点再低，我们也要不遗余力地努力奋斗，这样我们才有可能改变自己的命运，得到更多的机会，也才能拥有崭新的人生。

面对人生，很多女性朋友都怨声载道。她们不知道自己为何哪怕非常努力也依然远远落后于人，更想不通命运为何偏偏要和自己过不去，导致自己总是与失败和坎坷结缘。其实，谁的人生都不会是一帆风顺的，人生的艰难坎坷，实际上都是人生之中理所应当的存在。面对风雨泥泞，我们唯有坚定信心和勇气依然一往无前，才能最大限度摆脱人生的困扰，从而破茧成蝶，取得质的飞跃。

福勒和很多美国人一样始终心怀梦想，哪怕一无所有地起步，也要凭借着奋力打拼积累人生的财富。到三十几岁时，福勒已经拥有了100万美元，还有一幢豪华的房子和一间靠着湖边的小木屋，以及辽阔的土地。他还像很多富人一样，也有豪车，更有私人快艇。听上去，这一切都很完美，但是他还是不知足，

因为他想要成为千万富翁。凭着福勒的能力，他的确能够做到这一点，他很自信。

从此之后，已经衣食无忧的福勒过上了更辛苦的生活。他经常感到身心俱疲，而且胸口发闷，甚至疼痛。随着工作越来越忙碌，福勒与妻子和孩子之间也关系疏远。虽然他的财富在向着他梦想的一千万靠拢，但是他的身体越来越糟糕，他的家庭也在风雨中飘摇。终于，妻子感到无法忍受，因而要和福勒离婚。没过几天，福勒突发心脏病，他突然间顿悟，意识到自己盲目追求财富实际上毫无意义，因为他丢掉了人生中最宝贵的东西。为此，他打电话联系妻子，与妻子和解了，并决定散尽家财，从而亲近生命中最值得珍惜的一切。

福勒和妻子商定好之后，把一切东西都卖掉了，然后把所有的钱都捐献出去。很多朋友都觉得福勒一定是疯了，但是福勒很清楚自己想要做什么。后来的日子里，福勒和妻子投身于更有意义的工作，即为全世界的穷人修建家园，给他们一个能够住得起的家。他把曾经赚够 1000 万美元的目标，转化成要为 1000 万人造福。迄今为止，福勒已经在全世界范围内建造了 6 万多处房子，使得 30 万人都有了固定的居所，能够如同福勒所期望的那样有体面的地方休息。

不得不说，福勒曾经是财富的奴隶，他甚至差点儿因为财富而失去家庭，也失去健康。后来，他和妻子千金散尽，主动为人类造福，他由此成为财富的主人，并且变得更加积极乐观、健康快乐。财富的定义并不仅仅局限于金钱，在金钱之外，还有很多东西都是我们的财富。我们应该主宰财富，而不是被财富奴役，更不是被财富驱使着失去生命的意义。尤其是女人，如今很多女人都追求物质的富足，不惜丢弃爱情，甚至为了获得金钱而放弃自己的原则和人生底线。殊不知，再多的金钱也买不来真正的爱情，更买不来我们内心的安宁和乐。因而女性朋友们在现代社会更要做到不随波逐流，坚守自己的内心，让自己更加积极乐观。

任何时候，和所谓的金钱相比，乐观都是人生中最重要的财富。只要我们怀着一颗乐观的心，我们就能从容坦然地面对生活，并且能够最大限度地把握生活。人生之中不但要有得到，更要敢于舍弃，因为很多时候舍弃就是得到。要想成为一个内心强大的女人，我们必须怀着乐观的心态勇于放手，我们更要少追求物质的财富，而尽量以各种方式充实自己的精神。虽然现代社会金钱很重要，但是如果穷得只剩下钱了，那就是最大的悲哀。

抛开烦恼，快乐才会陪伴在侧

生命原本就是艰难的，对于每个人而言都是如此。曾经有人采访一位百岁老人，问老人对于生命有怎样的感悟和体验，老人的回答只有一个字——“熬”。的确，这个熬字生动形象地表现出生命的本来面貌，那就是我们都无法在生命之中自由自在地展翅翱翔，很多时候我们不得不受到各种因素的制约，甚至无法成功地突破生命的困境。即便如此，我们也要努力而又坚强地活着，因为，烦恼或许会困扰我们一时，但是只要我们端正心态，抛开烦恼，那么我们就会与快乐常相伴。

生命需要激励，唯有在激励之下，生命才能更加鲜活，充满活力。正因为如此，我们每个人都要不遗余力地学习，充实自己，提升自我。然而，一切的成就都比不上快乐带给我们的动力更大。当然，成就也能给我们带来快乐，但是成就不是获得快乐的唯一源泉，这就可以很好地解释为何很多人有很大的成就，却始终无法快乐。

很多女人，对于生命有着很大的不满。她们不安于现状，不满足于现在的生活，因而总是怨声载道。哪怕对待工作，她们也总是心不甘情不愿，甚至觉

得是有人在逼迫她们工作，而不是她们主动要求工作。在这种情况下，女人如何能够得到幸福和快乐呢？她们一直都在自寻烦恼。

如果真的想要获得快乐，我们就要学会抛开烦恼。很多细心的朋友会发现，其实烦恼并非与生俱来的，有的时候只是因为我们心态不对，以致自寻烦恼。如有些朋友会觉得人生充满艰难坎坷，因而对待人生的一切都抱怨不止。实际上抱怨有什么作用呢？除了暂时帮助我们发泄一下之外，只会给我们平添烦恼，而我们也压根无法成功解决问题。最好的解决问题的办法，是平心静气，进行积极理智的思考，这样才能找到彻底解决问题的好办法。

生命的存在从来不是一件简单的事情，而作为生命主体的人总是感情丰富细腻，因此，生活的琐事总是会成为烦恼的根源。实际上，就像把一个污点放在一张白纸上，污点肯定很明显；但是我们如果把一个污点放到一面墙上，那么污点就不会那么明显；若我们把污点放到更大的背景下，污点甚至会看似完全消失，这是因为背景的辽阔使得污点变得微不足道。人生也是如此，如果我们心怀辽阔，那些小小的烦恼自然无法给我们带来困扰。但是如果我们心眼比针尖还小，那么那些烦恼就会始终困扰我们，导致我们根本无法成功摆脱烦恼。由此可见，要想获得快乐，实际上并不需要我们四处寻找，只要我们把心变得开阔，我们的人生也就会随之变得更加广阔。

让生命变成一条宽广的河，静水流深，自然就能容纳更多的烦恼和忧愁，我们也会变得更加从容淡定。女性朋友们一定要记住，快乐从来不会从天而降，快乐也不愿意属于那些愁眉苦脸的人。只有我们发自内心地放松自己，快乐才会与我们如影随形，常相伴随。

第 05 章
保持个性，坚持自我是给自己最好的爱

有人说，女人，你的名字是弱者。然而，这句话放在现代社会并不适用了，尤其是用来形容新时代的女性，简直相差迥异。新时代的女性不但不是弱者，而且在职场上与男人平分秋色，在家庭生活中也肩负起重任，可谓出得厅堂、入得厨房，还战得职场。然而，无论现代女性多么劳累辛苦，也不能忘记爱自己，更不要随波逐流。不管什么时候，女性朋友都要坚持自我，给自己最好的爱。

爱自己，女人才能得到更多的爱

现实生活中，很多女人都具有牺牲和奉献精神，而且自诩具有中华民族的传统美德。殊不知，女人最重要的不是一味地付出和爱别人，而是要学会爱自己。一个明智的女人，在爱别人之前首先会爱自己，因为她深深懂得，只有爱自己，才能爱别人，也只有爱自己，才能得到他人更多的爱。

很多女人因为平日里忙于生活和工作，所以渐渐地忽略了自己，以致根本想不起来也要腾出时间和精力来爱自己。在生活琐碎的磨砺中，她们从曾经天真无邪的少女，到变得越来越小肚鸡肠；从曾经如同荷花般亭亭玉立，到变得浑身长满赘肉；从曾经的声音如同清脆的铃声一般悦耳，到现在动不动就歇斯底里，唠叨和啰唆更是成为她们的常态……可以说，时光的流逝让春春靓丽的美少女花容不再，心态也越来越老了。当女人从外在到内在都开始忽视自己，而且再也不会全身心投入地关注自己时，也就意味着女人将会失去他人的关注，变得孤独寂寞，对于爱求之而不得。

很多人用黄脸婆来形容那些自我放逐于生活荒漠的女人。毫无疑问，每个男人都希望自己的老婆是青春美丽的，而不希望自己的老婆是个黄脸婆。就连女人自己，也愿意对着俊男靓女，而不愿意对着黄脸婆。所以说，女人们，不

要再抱怨男人的移情别恋和决然离开，要知道，爱是相互吸引，而不是彼此心生厌倦。不管什么时候，我们唯有发自内心地热爱自己，让自己赢得他人的尊重和喜爱，才能拥有更多的爱。试问，一个人如果连自己都不爱自己，又如何能够得到他人的爱呢？

艾米每次走在都市街头上，一遇到玻璃幕墙，或者是经过商场以及服装店等的玻璃橱窗时，就会情不自禁地停下匆忙的脚步，对着玻璃顾盼生姿，自我爱怜。她的自恋简直达到了夸张的地步，有一次好友琳达亲眼看到艾米居然对着一辆停在路边的汽车窗户照镜子，还拿出口红来补妆，琳达不由得啼笑皆非，说艾米："要是那黑漆漆的汽车玻璃窗突然摇下来，在你面前出现一张男人的脸，你一定会尖叫着逃开，慌不择路。"艾米对此不以为然："怎么啦，女人的本性不都是爱臭美嘛！要是我不臭美，我还叫女人嘛！虽然我自恋，但是只要不像水仙花一样，也无可指摘啊！"

艾米的爱美和自恋在朋友圈里有口皆碑，而她的义正词严也把琳达说得哑口无言。艾米对于美丽的追求不仅限于照镜子这么简单，她还是时尚妆饰的狂热爱好者。她的头发总是最新的发型，她的指甲也总是五颜六色的，她的包包和鞋子总是配套的颜色和款式，她的耳环也几乎每天都在随着服饰的改变而改变。不过，艾米的人生态度也的确使人刮目相看，那就是极度爱自己的她，从来不因为他人的批评或者否定而放弃自己，甚至也从不改变自己。她总是说："女人就要爱自己，活出自己的与众不同来！"

现实生活中，几乎每个女人内心深处对于美的追求都是永无止境的，唯一不同的在于，有的女人有条件每天都追求美丽，也有闲情逸致，更有充足的金钱；有的女人却要支撑起家庭的重担，因而经济紧张，时间紧迫，往往没有那么多的时间捯饬自己。但是，无论有任何理由，女人都不应该放纵自己成为黄脸婆。毕竟早晨起床之后抓紧时间给自己打个粉底，描描眉毛，涂涂口红，还是很容易做到的。至于漂亮的衣服，如果我们没有足够的钱去买，那么也可以买一些平价的服装，靠着自己的用心搭配穿出与众不同的风采和气质。可以说，只要女人有心，把自己打扮得漂亮是很容易做到的。

当女人足够爱自己时，吸引男人对自己一见倾心或者是让爱人对自己始终着迷，就会变得更加容易。需要注意的是，很多女孩在爱情中常常把自己低到尘埃里，最终的结果就是使男人彻底忽视她们。真正聪明的女人不允许男人忽视自己，相反，她们总是能够成功吸引男人的关注，并以自己的美丽在男人面前保持足够的魅力。

做真实的自己，享受不矫揉造作的人生

春秋时期，越国的美女西施有沉鱼落雁之容貌，有倾国倾城之姿色，一举一动之间都韵味十足，惹人心动。然而，西施的身体不太好，有心绞痛的毛病。每次感到心痛的时候，她都紧皱眉头，用手紧紧地捂住胸口。人们都喜欢西施的美貌，哪怕看到西施病恹恹的，人们也不觉得西施因此而显得病态，反而觉得她更加楚楚动人，带着一丝丝娇柔。在西施生活的相邻村庄里，有个姑娘叫东施。东施长相丑陋，总是想尽办法把自己打扮得漂亮一些。一个偶然的机会，东施看到了西施发病的样子，觉得非常美丽。为此，东施刻意模仿西施的样子，故意皱起眉头，也用手按着胸口。结果，东施原本就长相丑陋，如今又故作病态，所以显得更加疯癫，使人不忍直视。很多人一看到东施就赶紧关上门，就如同见到了恶鬼一样。

这就是“东施效颦”的故事。在这个故事里，东施为了变得和西施一样美丽，

故意模仿西施，结果使自己变得更加不伦不类，最终遭到人们的厌弃。虽然人人都知道东施效颦只能导致事与愿违，但是依然有很多女性朋友愿意模仿其他人，希望自己能够跟上潮流，或者和明星一样璀璨夺目。然而，这种模仿根本无法见效，甚至还会事与愿违。

通常情况下，女人之所以愿意模仿他人，一则是为了让自己变得更美丽，二则是为了让自己获得成功。然而，无数事实告诉我们，盲目模仿的行为根本不可取。如果盲目模仿别人，就会给自己的生活带来苦恼，有时候还会起到完全相反的效果。真正明智的女人，也许会经过理智思考之后从他人身上汲取经验，从而促使自己不断进步和提升，但是绝不会不分青红皂白地放弃自己的优点而去模仿他人，使自己变得不伦不类，成为地地道道的四不像。就像邯郸学步一样，燕国人觉得邯郸人走路好看，就模仿邯郸人走路，最终却完全忘记走路的姿势，导致自己只能爬回燕国。

爱丽丝是一位长相一般的女人，而且体态偏胖。所谓心宽体胖，她心胸开阔，乐观开朗，而且非常健谈，不管和谁在一起都能谈笑风生，聊得不亦可乎。看到爱丽丝如今的样子，每一个认识她的人都难以想象，就在几年前，她几乎天天以泪洗面。

爱丽丝告诉别人，她曾经是个很内向自卑的女孩，而且因为长得比较胖，她总觉得自己不会得到任何男人的爱。最可怕的是，她的妈妈还是个非常传统的人，从来不允许她穿漂亮的衣服，也不批准她穿有腰身的衣服。就这样，爱丽丝整日穿着肥肥大大的衣服晃来晃去，对自己越来越没有信心。曾经的爱丽丝从来不敢参加任何聚会，更不喜欢和朋友在一起玩耍，因为她觉得自己比不上任何人，而且没有优点。渐渐地，她变得越来越自闭，总觉得自己是和他人不一样的另类。

直到认识到亨瑞先生，爱丽丝终于进入了一个完全不同的家庭。她开始接触和母亲截然不同的人，她的丈夫，她的婆婆，都是非常乐观开明的。为了尽快融入新的家庭，爱丽丝开始模仿他人，不但模仿丈夫的言行举止，也模仿婆婆。然而，她每次都会导致事与愿违，甚至还会惹得别人嘲笑。为此她变得更加沮丧绝望，而且暴躁易怒。她觉得自己太失败了，恨不得找个地缝藏起来，不愿意见到任何人。然而，尽管她内心情绪焦虑，却还要伪装出很快乐的样子，因为她不想让丈夫知道自己的苦恼，更不愿招来婆婆的嘲笑。有一段时间，爱丽丝因为极度自卑变得抑郁，甚至还想到了以自杀的方式结束生命。

幸好，婆婆发现了爱丽丝的异常。有一天，婆婆借着如何教育孩子的问题和爱丽丝聊天，趁机告诉爱丽丝："我认为我作为一个母亲，最成功的地方就是我养育的每一个孩子都很真实自然，能够保持自己天生的本来面目。"婆婆的这句话就像是一块石子投入池塘中一样，在爱丽丝的心中引起层层叠叠的涟漪。从此之后，她再也不在乎任何人的看法和想法，也不再盲目模仿他人，而是完全按照本心的指引去穿衣打扮，做好自己。她变得越来越开心，而且得到了更多的朋友。

从爱丽丝身上，我们不难发现，女人要想收获幸福和快乐，就要让自己更加坦然从容，而不要对任何人亦步亦趋，更不要为了他人的喜好而盲目改变自己。其实，无论男人还是女人，保持自我也是很重要的。毕竟人潮如织，要想在惊涛骇浪的生活中保持真我色彩，是很难做到的。

每一个人都无法逃避生活和他人对于自己的影响与改变，因此保持自我就显得更加重要。可以说，从人类诞生以来，大多数人都要不断地在自我和他人之间保持平衡，只有信心坚定者，才能真正做到始终坚持真我本色。现代社会，很多女性朋友都有各种各样的心理疾病，其中很多女性朋友的心理疾病的病因都与不能坚持自我、保持真我本色之间有着密切的关系。所以，女性朋友们，从现在开始认清楚自己，然后义无反顾地做最好的自己吧！唯有如此，你们才

能变得更加快乐，才能活出自己与众不同的人生。

悦纳自己，是女人人生的必修课

很多女人之所以深陷苦恼之中，并非因为她们得到的太少，而是因为她们奢望的太多。除了对于客观外界的物质需求外，很多女人对于自身也是不够满意的，她们或者觉得自己的皮肤不够白皙，身材不够高挑，或者觉得自己的人生缺少机会的青睐，总而言之，她们对自己百般不满意。试想，如果一个人对自己都不知足不满意，那么他们又如何能够得到让自己满意的人生呢！正是在一次次的失望中，女人变得越来越沮丧和绝望。

很多女人都追求幸福，甚至把幸福作为自己一生的目标。她们不知道的是，幸福并非是从天而降的，也不是任何人赐予的，而是存在于我们的内心之中。如果我们的心不知足，总是充满不切实际的奢望，使得我们陷入欲望的深渊无法自拔，那么哪怕我们得到很多，也依然不会感到幸福快乐。对于女人而言，必须意识到一个真相，那就是人生的本质就是不完美，甚至是存在各种缺陷。面对人生的不如意，如果我们一味地抵触，反而会使一切更加糟糕；如果我们能够坦然面对和迎接不完美的生活，那么我们就可以淡定从容，随遇而安，活出充实而又精彩的人生。因此，女人要想获得幸福，最先应该做的就是接纳不够完美的自己，哪怕是有些残缺的自己。西方国家有句谚语，大意是说每个人都是被上帝咬过一口的苹果。我们身上的缺陷越大，越意味着我们具有独特的芳香，所以才会引得上帝迫不及待地对我们狠狠地咬下一口。所以，并非我们不够完美，而是这个世界上根本没有绝对的完美，因此，我们是否真的足够完美是无关紧要的。最重要的是我们面对不完美的人生采取了怎样的心态面对，这在更大程度上影响和决定着我们的命运。

人有两只眼睛，除了失明的人之外，每个人都会看到外界的事物，也会看到自己。一个人，不管多么粗心大意，都不可能完全忽略身边的一切，而心思缜密的女人，也必然看到更多的不如意。所以，追求完美成为女人毕生的梦想。尤其是现代社会那些时尚的女性，更是会以各种杂志的封面女郎或者是当红的女明星作为心中的标准来衡量自己，不得不说，这完全是自寻烦恼的行为。女明星总是光鲜靓丽，哪怕是街拍也是作足准备才进行的，作为普通人的我们当然不可能把人生的每一刻都当成舞台时刻，因为生活原本就是琐碎和现实的，也是有些局促的。与其盲目跟风改变自己，东施效颦贻笑大方，我们不如做好自己，因为唯有这样的幸福才能更加长久。

不可否认的是，男人是视觉动物，每个男人都梦想着拥有这个世界上最美丽的女人作为妻子。然而，每个男人对于完美的定义也是不同的，就像针对众多女明星，有的人喜欢赵丽颖，有的人喜欢杨幂，有的人喜欢范冰冰一样，所谓萝卜白菜，各有所爱，也就是这个意思。所以，作为女人，我们千万不要妄自菲薄，而要始终相信，一定会有喜欢我们、把我们视为珍宝的男人出现。因为我们就是他们的菜，他们也是我们的菜，只要我们与他们彼此喜欢、仰慕和倾心，就算全世界都反对又怎样？外来的阻力只会给我们的爱情加分，让我们爱得更加深沉而已。

女性朋友们，我们当然可以追求美，但是不要奢求完美。是否真的美丽，是否符合大众的审美标准，这些都不是最重要的，最重要的是我们就是自己，我们是世界上独一无二的存在，我们是任何人都无法取代的。对于爱我们的人而言，这一点比一切都更加重要！

女人，要学会不断提升和完善自我

现代社会发展迅猛，对于每个人都提出了更高的要求。不但男人要卯足了劲在职场上打拼，为自己赢得一席之地，孩子们也都不能输在起跑线上，要在人生的长跑赛中奋力奔跑和冲刺。那么，作为家庭的灵魂人物，女人又要怎样努力呢？除了要在职场上和男人平分秋色之外，女人更要照顾好家庭，为丈夫做好后援工作，为孩子提供更好的生活和学习条件，同时还要在忙碌之余不断提升和完善自己，这样才能避免在逆水行舟、不进则退的人生中落后。

女人的进步，不仅体现在职场上，还体现在家庭生活中。对于夫妻关系，很多人的理解都不一样，有人觉得夫妻就是无条件地包容和支持对方，有人觉得夫妻就是更加牢固长久的合作关系，能够促使夫妻二人为了共同的目标而不懈努力。实际上，夫妻关系并不是某一种简单的关系就能解释的，夫妻之间因为有爱情，所以彼此依存，也因为要共同负担起操持家庭和养育子女的责任，所以有的时候也像是一种伙伴关系。从共同进步的角度而言，夫妻之间必然要共同进步，才能始终比肩而立。举个最简单的例子，原本夫妻二人在同一起跑线上，一起并肩奋斗，后来，男人获得了很大的成长，人生上升了好几个台阶，而女人却始终止步不前，在原地徘徊，日久天长，夫妻之间的差距必然使男人和女人渐渐疏离。现代社会很多婚姻最终破裂，夫妻分道扬镳，就是因为男人和女人之间的差距越来越大。从这个意义上来说，女人必须学会提升和完善自我，才能始终和男人齐头并进，才能更好地维持工作和家庭之间的平衡，得到男人的钦佩和赞赏。

现代社会的发展日新月异，各行各业对于从业人员也提出了更高的要求，一个人哪怕毕业于名牌院校，如果不能快速提升自我，也会导致知识的匮乏和经验的不足。正如女人，哪怕带着世界上最轰轰烈烈的爱情走入婚姻，也不要梦想着能够依靠吃老本度过一生。聪明的女人一定知道，婚姻也是需要经营的，感情总会在琐碎的生活中消耗殆尽，唯有始终用心经营婚姻，用爱浇灌婚姻，婚姻之树才能保持长青不衰。

女人完善自己，还表现在对于美丽的追求上。很多女性朋友在结婚之前青春靓丽，一旦结婚了，就觉得自己已经名花有主了，所以开始蓬头垢面、衣冠不整。试想，假如你是男人，刚刚结婚就看到家里整日出没着这样一个黄脸婆，也必然觉得心塞吧！古人云，女为悦己者容，其实女人美丽不仅是为了让男人赏心悦目，同时也能让自己变得更加自信。记住，女人不能成为生活中的“驴”，只知道埋头苦干，而两耳不闻窗外事，哪怕被人取代了也依然浑然不知。明智的女人，首先会爱自己，其次还会努力突破自身的禁锢，超越自己，从而真正做到提升和完善自己。

明智的女人，懂得如何拒绝他人

在职场上，虽然大多数女人都能做到和男人一样优秀和出色，但是不可否认的是，对于同一件事情，女人要想做到最好，往往要比男人付出加倍的努力，这是由女人的生理和心理特点决定的。人在职场，女人往往需要付出更多，才能为自己争取到更好的地位。不得不说，社会进步到今天，依然有些用人单位会歧视女性，还有些单位招聘的时候就表明不接受女性求职者的简历。当然，随着求职市场的整顿，已经没有用人单位如此赤裸裸地表明对女性的歧视了，但是在实际面试和录取过程中，很多单位的负责人还是会对女性怀着偏见。有

的时候，在工作中，很多领导也因为觉得女性的能力有限，故意安排女性做一些无关紧要的杂活。从这个角度而言，女性朋友要想在职场上出人头地，必须付出加倍的努力，展示和证明自己的实力，才能得到相对公平的机会和对待。

现代职场，很多女性都因为被安排做一些杂活儿感到苦恼，因为她们内心里非常渴望得到更多更好的机会做重要的工作。尤其是很多年轻女性刚刚进入职场时，总是被安排干各种各样无关紧要的活儿，甚至有些已经进入公司一两年的女性朋友，依旧被安排做不值一提的小事。在这种情况下，女性朋友应该怎么做，才能维护自己的合法权利，并且让自己得到更多更好的机会呢？很多女性朋友性格软弱，或者过于顾忌同事间的关系，因而在被男同事或者领导安排杂活儿时，她们往往不能直截了当地拒绝，而是选择忍让。殊不知，这样一再地退让，最终只会让领导和男同事变本加厉，甚至对此习以为常。所以女性朋友必须及时想办法解决，才能制止这种情况再次出现和发生。

作为一家公司的策划部职员，刘楠进入公司已经两年多了，但是她从入职第一天开始，就常被男同事或者领导临时安排一些紧急却不重要的工作。这使她非常恼火，但是，当新人的时候她不敢拒绝，后来随着和同事越来越熟悉她又不好意思拒绝，最终拖延来拖延去，到现在她已经进入公司两年多了，还是经常被安排零杂活儿。这使她感到很难堪，因而她决定要勇敢地拒绝，从而让男同事和领导都知道她已经是经验丰富的策划员，而不再是打杂的小姑娘了。

这一天，办公室里的电话铃声响起，刘楠因为正忙着手里的一个策划案，而且离电话很远，所以没有去接电话。这时，离电话比较近的一位男同事说："刘楠，赶紧接电话啊！"原来，一直以来电话都是刘楠接了转接给他们的，所以他们已经养成了不接电话的"好习惯"。碍于面子，刘楠正准备放下手里的工作去接电话，一下子想起自己不是话务员，因而说："老张同学，你有这让我接电话的工夫，自己早就接完电话了。你那么长的胳膊，只要站起来伸出胳膊，

就能拿到电话，为何偏偏要舍近求远喊我去接呢！要知道，我也是和你们一样的策划员，而不是办公室里专职的话务员哦！”刘楠好不容易坚持着说完这番话，原本以为老张会生气，没想到老张马上站起来接了电话。与此同时，办公室里其他的男同事也都听到了刘楠的话，因而他们也都有所收敛。后来又有几次被支使干杂活的时候，刘楠都不卑不亢地表示了拒绝，之后果然没有人再随意支使她了！

女性朋友们要想立足职场，必须端正自己的心态，并摆正自己的位置。就怕习惯成自然，女性朋友一旦被他人支使成习惯，就会难以摆脱这样的命运。所以，不管作为新职员还是老职员，聪明的女性朋友都要勇敢地拒绝他人的随意安排，毕竟每个人都有自己的分内之事，如果因为各种零碎活儿耽误自己的本职工作，必然得不偿失。不过需要注意的是，如果同事的确是因为有要紧的紧急情况需要帮忙，出于同事之间情谊的考虑，我们还是应该不遗余力、努力帮忙。毕竟，偶尔一次给人雪中送炭，和每天被人当成打杂的人支使，是完全不同性质的。

第06章

和气宽容，女人不必为难自己更不必为难朋友

嫉妒，是人心中的毒瘤，很多女人因为嫉妒做出让自己追悔莫及的事情。和嫉妒截然相反，宽容则能使人保持心态平和，尤其是宽容的女人，更是给自己在美丽之外平白增添了更多的魅力。和气宽容的女人，不管走到哪里都受人欢迎，同时也因为心怀善念而得到生命更多的馈赠。

与人为善，就是与己为善

很多女人都觉得美丽的容颜对自己而言是最重要的，殊不知，和倾城倾国的容貌相比，对于女人而言更重要的是要拥有宽容的气度。就像《白雪公主与七个小矮人》里那个王后一样，她不停地问魔镜谁才是世界上最美丽的女人，魔镜每次的回答都无法让她满意，因为白雪公主比她更美丽。她作为第二美丽的女人，拥有第一美丽的女儿和整个王国，原本是应该觉得幸福的，但是她的心被嫉妒的毒蛇啃噬，最终她选择不择手段地害死白雪公主，而让自己成为世界上最美丽的女人。最终，白雪公主与王子幸福地生活在一起，王后非但没有成为世界上最美丽的女人，反而因为她的蛇蝎心肠为世人唾弃。

对于每一个女人而言，也许可以没有美丽的容貌，没有窈窕的身材，也可以没有富裕的家境和良好的运气，但是必须有优秀的品质——宽容，忍耐，与人为善。唯有这样的女人，才能如同阳光一样使身边的人感受到温暖；也唯有这样的女人，才能以善良赢得命运的馈赠，拥有更多的好运气。

宽容，对于任何人而言都是一种高贵的品质，也象征着博大的胸襟和开阔的胸怀。宽容更是一种气度，宽容的人海纳百川，总是能够包容和接纳更多的人与事情。只有明智的人才会在仇恨面前选择宽容，从而使自己的心挣脱仇恨，变得更加豁达从容。宽容也是一剂良药，能够医治人们之间的隔阂和仇恨，成

就人们彼此宽容的美德。只有心智成熟的人才会选择宽容，而憎恨和斤斤计较是那些幼稚的人才会作出的选择。宽容的女人在美丽之外，更是平添了一种无法言传的魅力，她们不管是对于爱人、孩子，还是对于家人、朋友，哪怕是对于陌生人或者是同事，都非常宽容。但是，宽容不是怯懦，她们对待别人宽容，自己则能够勇敢地承担起生命的责任，成为最好的爱人和伙伴。她们对待生命的理解也更加深邃，因为她们知道，宽容他人，就是宽宥自己；唯有宽容对待他人，才能被他人理解、体谅，甚至是原谅。

面对生命中的那些负面情绪时，如果我们能够采取宽容的心态积极地包容，那么就能使他人的内心受到感动，也使他人冷漠的心如同沐浴了阳春三月的阳光，哪怕有再多的阴霾和寒冰，也会在瞬间被驱散和融化。冰雪消融的人生，自然会使我们感受到更多的温暖与爱，也会使这个世界变得更加从容和美好。

现代社会，人际关系被提升到前所未有的高度，人脉资源更是成为重要的资源，有的时候会影响甚至决定我们的命运。要想在现代的生活与工作中如鱼得水，我们就要结交更多的朋友。在这种情况下，宽容更是会派上用场，使我们得到更多人的欢迎。当然，要想做到宽容并非仅仅是说说这么简单。所谓的宽容，要求我们学会站在他人的立场上思考和解决问题，设身处地地为他人着想，唯有如此，我们才能更加理解他人，才能发自内心地宽容他人。

当然，宽容也是有技巧的。现实生活中，很多女性朋友性格急躁，总是容易犯想当然的错误。她们一旦遇到小小的事情就马上开始抱怨，根本不愿意听他人作任何解释。所以，性子急躁的女性朋友必须戒骄戒躁，认真倾听他人，了解和理解他人，最终宽容地对待他人。生活中的很多现象和事情都不是孤立存在的，而是有着丝丝缕缕或者环环相扣的关系。喜欢看影视剧的朋友会发现，人与人之间总是会因为人心狭隘和苛刻变得举步维艰。而宽容恰恰能够改变这一点，不但能使我们与朋友之间的关系变得和谐友善，也能有效改善我们与其他人之间的人际关系，可谓一举数得。

宽容的人的心态往往更健康。他们对待他人宽容，对待自己严格，这样的严于律己、宽以待人，最终使得他们拥有良好的人际关系。很多细心的朋友会发现，孩子们总是非常快乐的，其实这正是因为孩子们从不斤斤计较，而且即使发生了什么不愉快，也马上就能抛之脑后。在很多孩子一起玩耍的场合，有的时候孩子之间发生矛盾吵起来或者打起来了，父母也因此反目成仇但是很快，也许仅仅是几分钟之后，孩子们就又会在一起玩耍，而父母却因为彼此仇视变得疏远，甚至老死不相往来。这就是宽容的力量。其实父母应该向孩子学习，让自己变得更宽容，这样才能和孩子一样得到更多的快乐，无忧无虑地生活。女性朋友们，我们也要把宽容当成法宝，始终心怀宽容，这样才能更加幸福快乐。尤其是原本心思细腻的女性朋友，更要以宽容作为人生的原则，调节心情，调整人生，在人际交往中收获好人缘。

现代女性，要成为当之无愧的半边天

很多女性的依赖性很强，她们从小依赖父母，不管什么事情都需要父母代替她们作出决定，帮她们安排好一切。等到长大成人之后，她们步入婚姻之中，又开始依赖丈夫。殊不知，亲情可以是一生一世的，但是爱情的保鲜期非常短暂，而且婚姻也未必一定能给女人长久的幸福。所以女性朋友们不但无法依赖父母一辈子，还要在父母老了之后肩负起照顾父母的责任。而在婚姻生活中，现代社会生存压力如此之大，大多数男人仅凭一己之力很难支撑起整个家庭，所以女性也需要勇敢地面对一切，从而成为当之无愧的半边天。

在电视剧《我的前半生》中，全职太太罗子君原本以为自己可以依靠丈夫陈俊生度过幸福的一生，陈俊生却因为身心俱疲，移情别恋爱上同事凌玲。明眼人一眼就可以看出来，凌玲毫不年轻，而且没有罗子君漂亮，那么她是如何赢得陈俊生的喜爱的呢？其实，相比罗子君，凌玲的优势就在于她能够为陈俊生分担。对于陈俊生而言，虽然他已经习惯了一个人养家糊口，但是他依然想要有人为他分担。工于心计的凌玲，正是抓住了陈俊生的这个弱点，才趁势攻入陈俊生与罗子君的婚姻之中，成功拆散了他们。看到这里，很多女性朋友一定会倒吸一口冷气：一直以来，我们都以为男人的出轨对象只会是那些年轻漂亮的小姑娘，却没想到家庭妇女甚至是所谓的黄脸婆也有同样的魅力啊！的确，罗子君和大家想的一样，所以她刚开始才会针对陈俊生身边那些漂亮年轻的女同事；后来才发现自己完全搞错了侦察和反击的方向，导致自己一败涂地。

从这个方面看，明智的女人要想全方位防止男人出轨，就必须自强自立，千万不要把养家糊口的责任一股脑儿地抛给男人，而只顾着自己潇洒自在地当个全职太太。要知道，男人工作也是很辛苦的，尤其是现代职场打拼非常激烈，男人更是身心俱疲、劳累不堪。在这种时刻，女人不但要为男人搞好大后方的后勤工作，也要勇敢地冲到前线去，竭尽所能地助男人一臂之力。也许女人不能挣得很多，但是这种独立自强的姿态是男人所欣赏的，而且，女人有了自己的经济来源后，不但在婚姻生活中更有底气，也的确能够给男人减轻负担。对于这样一举数得的好事情，女性朋友们，你们还在犹豫什么呢？假如你是全职太太，那么就从现在开始行动起来吧！不管是什么样的工作，不管能得到多少收入，只要你行动起来，你就抢占了先机，你的婚姻也会变得更加牢固一些。

常言道，人生不如意十之八九。没有人的人生会是一帆风顺、完全顺遂如意的。每当人生中遭遇意外的打击，甚至巨大的灾难时，我们没有更多的选择，只能让自己变得坚强起来。只要我们勇敢面对，一切风雨泥泞终将成为过去，我们的人生天空也将迎来绚烂多彩的彩虹。所以，作为现代社会的女性，我们要更加坚强勇敢，破茧成蝶，从而在经历痛苦之后绽放出属于自己的华彩，也成为当之无愧的半边天。

需要注意的是，坚强对于女人而言就像是一把双刃剑，一定要把握好合适的度，才能让坚强恰到好处。从不坚强的女人难免过于软弱怯懦，过于坚强的女人又因为一意孤行，容易变得清高孤傲，甚至拒人于千里之外。在《我的前半生》中，唐晶与贺涵之所以最终没有走到一起，最主要的原因不在于罗子君，而是因为唐晶太独立要强了，导致贺涵丝毫感受不到唐晶对于自己的依恋。虽然罗子君的妈妈有时候说话很难听，也不太讲道理，但是她对唐晶说的一句话其实很有道理——你不能一点儿都不靠男人。这真是一语道破天机，一直以来唐晶的确深爱贺涵，但是她总是努力把自己变成她以为贺涵喜欢的样子，那就是独立坚强、冷酷无情、不择手段。最终，贺涵的离开让她幡然醒悟，她已然变成了贺涵第二，甚至比贺涵在职场上的表现有过之而无不及。这也恰恰是他们分手的真正原因。

明智的女性朋友们，我们要坚强自立，但也不要过度。我们唯有把握好坚强的度，才能活出属于自己的精彩，又不至于把自己陷于只有动力而没有动情的境遇。只有我们真正理解了坚强的含义，幸福才会来敲响我们的人生之门！

活在今天，女人才不会患得患失

每个人的人生都只有三天，那就是昨天、今天和明天。毋庸置疑，昨天哪

怕才刚刚过去，也已经成为不可改变的历史，所以不管我们对于昨天是满意还是不满，我们都无法改变什么，只能任由昨天成为我们回忆中不可更改的过去。明天哪怕很快就要到来，也依然与我们的现状没有任何关系。所以，我们每一个人在生命中真正能够把握的，其实只有今天。很多人都觉得今天无关紧要，或者回忆往昔，或者向往未来，实际上，唯有活好每一个今天，我们才有美好的明天可憧憬，才能拥有值得珍惜的回忆。

现实生活中，很多人都容易犯这样的错误。拥有的时候不知道珍惜，等到失去了，才会感慨曾经的拥有，才会意识到曾经的自己是多么幸福。女人尤其容易犯这个错误，因为女人更容易被欲望控制和左右，总是这山望着那山高。有很多女人都会抱怨命运不公平，尤其是结了婚的女人，更是对丈夫唠唠叨叨、牢骚满腹，动辄就对丈夫说“看看人家的老公……”，试想，哪一个男人愿意这样整天被妻子否定和批评呢？所以，感情最终在女人的牢骚中被消耗殆尽，而女人原本幸福美满的婚姻也走向终结。

女人只有活在今天，才能不再抱怨，才不会继续患得患失。女人要珍惜自己，因为身体发肤、受之父母，每个女人只有爱自己，才能爱别人，才能得到别人的爱。女人要珍惜自己拥有的，不管家境是好还是坏，也不管女人对于现状多么不满，这一切都是命运最好的赏赐，女人只有心怀感激，才能让一切都如花绽放。女人要珍惜自己的工作，不要总是觉得别人的工作比自己的好，因为别人在工作上的成就也是一点一滴做出来的，除了富二代官二代之外，有几个人能够一出生就站在山峰之巅呢？我们不能因为有人一出生就站在我们哪怕穷尽一生也无法到达的高度就放弃努力。相反，我们要更加努力，因为只有努力了才可能有机会，不努力就没有任何机会了。我们要珍惜自己的爱人。也许我们的爱人不是这个世界上最优秀的男人，也不是所谓的男神，但是我们的爱人是这个世界上最爱我们的人，是能够不离不弃始终陪在我们身边的人。别人家的丈夫再好，也是别人家的，而且别人过得未必就像她们表现出来的那么好。我们呢，只有过好自己的生活，才能得到属于自己的幸福，这是任何其他人的幸福都无法取代的。

除此之外，生命之中值得我们珍惜的还有很多很多，诸如我们的荣誉、我们的亲情、我们的友情、我们得到的别人的信任，这都是我们生命中最宝贵的财富，值得我们用心去珍惜，用爱去守护。明智的女性朋友们，我们必须知道，不管是活在昨天的人，还是活在明天的人，都远远不如活在今天的人能够把握更多的幸福和快乐。我们必须坦然接受今天的自己，让自己活在当下，成功迎接命运的到来，这样才能摆脱愚昧无知，才能避免浪费生命，从而让自己的人生更加充实洒脱。

自信的女人，更宽容对待他人

一个自信的人，对于世界必然也是宽容友善的。与此恰恰相反，假如一个人非常自卑，那么在面对世界的时候，必然充满质疑，怀着戒备心理，甚至说恶意。他们总是喜欢揣度他人的真心，自以为他人和自己一样是警惕多疑的，这样的人，他们的人际关系如何能经营好呢？所谓天下本无事，庸人自扰之，大概说的就是这种人。

我们身边有很多女性朋友也许长得不够漂亮，也没有好身材，更是青春不再，但是她们具有独特的人格魅力。因为她们自信而又独立，能够敞开怀抱接纳这个世界，所以她们也非常幸运，身边有很多的朋友，更做出了自己的一份事业。这样的女人尽管不倾国倾城，却因为自信，活得从容洒脱，与众不同。

她们不但在顺境中表现出独特的风采，即便遭遇生活的逆境，也依然能够微笑着面对这个世界。面对这样的女人，我们还能说她们不够美丽吗？她们当然很美丽，她们的美是由内而外散发出来的，她们拥有最强大的力量——自信，所以也能够尽情绽放自己的风采，成功征服每一个人。

如果说自卑胆怯、唯唯诺诺的女人使人感到压抑，如同天空中有着厚重的乌云让人喘不过气来，那么自信的女人就像是明媚的阳光，也像是和煦的春风，能够吹散人头顶的乌云，驱散人心中的阴霾，使人瞬间变得神清气爽。自信的女人走起路来昂首挺胸，而不是蔫头耷脑；自信的女人知道愁眉不展并不能解决问题，因而总是面带微笑，勇敢面对一切；自信的女人面对选择也许会经过慎重的思考，但是她们落棋无悔，绝不会犹犹豫豫、反复不定。

自信的女人都有自己的特别通行证，那就是微笑和洋溢着的信心。哪怕繁忙的生活和工作使她们感到疲劳不堪，她们也能够调整自己的身体和心灵，从而在最短的时间内圆满处理问题，从而给身边的人带来安稳，带来信心。当然，自信的女人和女强人不同，她们很少自我标榜，也不想像有些女强人一样不可一世。自信的女人做事果敢，却不雷厉风行；自信的女人相信自己，却不居高临下；自信的女人有着与众不同的气度，却不会使人感到难于接近；自信的女人果敢坚强、坦诚直爽，她们做事情和对待他人时公平公正，所以有着良好的口碑。

然而，自信的女人绝不是钢铁侠，她们也会有柔弱的一面，那是她们作为女人的本性。所谓百炼钢成绕指柔，自信的女人既有柔弱的一面，也有刚强的一面，因此才能刚柔并济。温柔的女人有时候反而具有更强大的力量，她们的温柔会赢得男人的疼惜和爱怜，也会使男人心甘情愿为她们做任何事情。所以聪明的女人善于运用自己的力量，成就自己的自信与洒脱。

自信的女人未必像职场女强人一样会在事业上取得辉煌的成就，但是她们更愿意发挥自身的主观能动性，从而让自己的人生更有主动权。她们善于使用四两拨千斤的技巧，从而举重若轻，让自己得到更多的帮助。与那些自卑的或者无所事事的全职太太不同，自信的女人即使没有稳定的工作，也绝不会浪费宝贵的青春时光。相反，她们有着远大的志向，而且对于自己的未来满怀信心。她们不但在工作上表现得很优秀，能够积极主动完成自己的分内之事，也会把家庭生活经营得有声有色。她们很清楚自己想要什么，想得到什么，因而她们对于人生目标明确，目的清晰。她们对于爱情也有自己的经营之道，她们很擅长调节家庭气氛，不但能够赢得丈夫的疼爱，也能够得到公婆的喜欢，更会成为父母心中的好女儿，成为孩子心目中最好的妈妈。

总而言之，自信的女人不但自己很从容，也会给身边的亲人朋友带来更多的快乐。她们神采飞扬，如同人世间的精灵，会把爱与美好洒向每一个对自己至关重要的人。自信的女人是人生的赢家，她们的一切收获都是她们耕耘人生的结果，她们坦然面对自己和他人，所以也能得到命运的青睐和厚待。

宽容，是女人人生的处世法宝

只有宽容的女人，才能做到心态平和，不骄不躁。遗憾的是，大多数女人都因为细腻而有些小小的心眼，也时常表现得不够宽容。她们因为斤斤计较，常常患得患失；又因为过于敏感，常常失去内心的平衡，和周围的人关系紧张。不得不说，她们总是因为心态不够平和与宽容，导致人生面临更多的窘境，令自身也觉得紧张局促、慌张不安。

相比起那些心眼小而精明过头的女人，宽容的女人往往更加从容不迫，她

们既不会计较太多让自己心里失衡，也不会把人生中太多的精力都用于算计。她们从不为生活中不值一提的小事烦忧，对于那些无关紧要的事情，她们最常采用的态度就是无所谓；她们也不会被小小的利益搅得自己心神不宁，因为她们始终牢记人生中最重要的目的，那就是获得幸福快乐。她们喜欢与人为善，因为宽容地对待他人实际上就是宽容自己。因为宽容，她们淡定平和；因为宽容，她们从容不迫；也因为宽容，她们的生活变得更加坦然、顺遂。

有很多女人不但把生活经营得风生水起，对于自己的事业，她们也从未放松。然而，不管取得多么大的成就，也不管未来的人生之路多么艰难坎坷，如果有人问她们在人生中最大的收获是什么，她们都会回答“宽容”。的确，不管是在生活中还是在工作中，一个人的成功总离不开良好的人际关系，尤其是在现代职场上，女人更需要与他人更好地合作，才能让事业发展更顺利。这样看来，宽容，实际上是女人人生的处世法宝。一个女人唯有真正地发自内心地宽容对待这个世界，才能做到从容不迫，才能真正进入人生中最美好的境遇。

毋庸置疑，生活中有太多的无奈需要我们去面对，很多时候，我们甚至觉得手足无措、无法面对。难道我们要为此不断地逃避，试图以此使自己获得解脱吗？事实证明，逃避并非是彻底解决问题的好办法，唯有勇敢面对各种难题，正视困难，一切才能更加从容淡然。

人们常说，退一步开阔天空。的确，宽容的女人才能心态平和，怡然自乐。自古以来，虽然人们都把“吃亏是福”的话挂在嘴边，却很少有人能够真正做到。尤其是女人，大多数女人都喜欢占便宜，而不喜欢吃亏。所以哪怕她们深谙吃亏是福的道理，也知道自己并没有因为吃亏导致严重的后果，或者失去什么，她们依然不愿意吃亏。殊不知，现代社会生存压力原本就很大，琐碎的生活也使人心烦意乱，如果还是和自己过不去，让自私占据自己的灵魂，那么女人必然活得更加痛苦。

女性朋友们，人生苦短，我们每个人都应该尽情享受人生，更应该成为一个宽容的、有大智慧的女人。当然，凡事皆有度，我们也要把握好宽容的度。任何情况下，宽容都不能变为毫无限度的纵容，退让和谦让也不是怯懦地一味让步。唯有把握好宽容的度，女人才能让自己的人生宠辱不惊，淡定平和。

第 07 章

重视健康，女人千万不要为难自己的身体

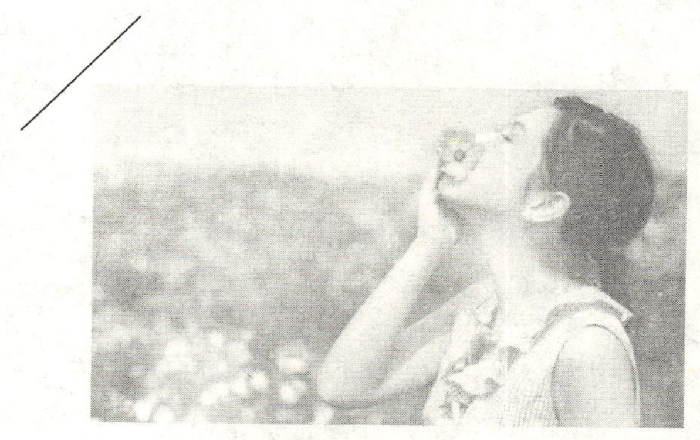

健康的身体是 1，人生中其他的一切都是 0。0 原本是没有意义的，它的存在必须依附于 1，这样才能体现自身的价值，变得富有意义。同样的道理，如果没有健康的身体，人生中哪怕拥有再多也无法真正地享受一切，所以说健康的身体是拥有一切的基础，只有在身体健康的前提下，我们拥有和为之奋斗拼搏的一切，才富有意义。所以女人一定要珍爱自己的身体，关注自己的身体健康，不要因为各种各样的忙碌忽视身体，最终导致追悔莫及。

健康是1，其他的一切都是0

身体健康是1，其他的一切都是0，唯有在身体健康的情况下，我们拥有的一切才有意义，否则我们哪怕穷尽一生得到很多，最终也会使生命在疾病的折磨中无奈地逝去，使我们失去拥有的一切，而且是彻底地失去。

现代社会，生活节奏越来越快，工作压力越来越大，又因为女性已经走入家庭，肩负的责任也不再仅仅是相夫教子，而是要像男人一样在职场上奋力打拼，甚至还要付出加倍的努力做到与男人平分秋色。与此同时，女人也并没有卸下生活的重担，她们必须兼顾家庭，照顾好丈夫孩子以及老人。因此，女人的压力总是很大，甚至有很多女性因为过大的压力以致心烦失眠，还有些女性朋友才到不惑之年就已经开始早更了。实际上，这都是身体在向女性朋友们发出警告，提醒女性朋友们一定要关注身体健康，对疾病防患于未然。有些女性朋友的确很关爱自己的身体，对于身体发出的警示信号也非常重视，能够做到积极主动地调理身体，从而让身体尽早恢复健康。大多数女性朋友却因为忙于事业，忙于家庭，以致总是不能抽出时间来关爱自己。随着身体状况的日益恶化，她们很有可能因为疾病不得不终止手里一切看似永远也忙不完的事情，住进医院。不得不说，这是非常糟糕的结果。就像古时候扁鹊帮助蔡桓公看病一样，

病在肌肤和病在腠理会导致完全不同的结果。相信聪明的女性朋友更愿意对疾病防患于未然，取得好的结果，而不愿意等到疾病无法医治的时候再花费大量的时间和金钱，却已经无法挽回恶果。所以女性朋友们要更加合理地安排好生活与工作，做到劳逸结合，而且要把自身的身体健康放在第一位，因为唯有如此才能实现人生的可持续发展。

那么，女性朋友们要从哪些方面关注身体健康呢？其实，人体容易出现疾病的部位无外乎那些，只要平日里多多关注身体的异常变化，及时就医，就不会导致病情恶化。

第一，测试甲状腺功能。尤其是对于备孕的女性而言，一定要测试这项功能，因为哪怕是轻度的甲状腺功能减弱，也会导致胎儿出现严重的智力缺陷。通常情况下，如果甲状腺功能不正常，女性很容易变得肥胖，心情暴躁，身体疲惫，月经也会变得不规律。

第二，要补充叶酸。有研究显示，患有宫颈癌或者癌前病变的女性，其体内叶酸水平明显低于健康女性的叶酸水平。而且，如果母体缺乏叶酸，胎儿患神经软管缺陷的概率也会大大增强，对于婴儿而言这是致命的。

第三，维生素对人体健康至关重要，还能有效预防卵巢癌，所以女性朋友应该补充适量的维生素，这对于保持身体健康、预防卵巢癌、防止色素沉淀都是很有好处的。

第四，很多女性朋友在中年之后都有骨质疏松的情况出现，因而女性朋友千万不要因为怕晒黑，或者因为没有时间，就放弃与阳光亲密接触的机会。

第五，女性一定要关注乳房和阴部。如今，由于生活压力增大，越来越多的女性患有乳腺癌。还有些女性因为忽视阴部的肿块，导致身患阴部癌症。人体是癌细胞最好的沃土，所以癌细胞在人体内生存繁衍很快。对于身体上的任何异常，女性朋友们都要早发现早治疗，绝不可自以为平安无事，导致错过治疗的最佳时机。

第六，如果说烈酒会刺激人的口腔、食道和胃部，那么香烟则对于人身体上任何部位的肿瘤都有刺激作用，因而，现代社会的很多公共场所都施行禁烟。如果是男性的老烟民自然戒烟很困难，也许要反反复复很多次；但是对于女性朋友而言，毕竟瘾君子占少数，所以要主动对香烟敬而远之，保证自己的身体健康，也避免给身边的人带来二次伤害。

第七，生命在于运动，这句话非常有道理。如果一个人常年不运动，必然导致骨质疏松，也会导致身体健康状况急剧恶化。所以，女性朋友们，赶快动起来吧。

第八，控制体重，合理饮食。现代社会，随着生活水平越来越高，很多人都变得肥胖。古人云，饭后百步走，活到九十九。当然，我们不仅要百步走，而且要在饭后半小时之后，适度运动，这样才能促进消化，防止脂肪堆积。同时，要保持饮食清淡，营养均衡，这样才能减少脂肪的摄入，保持身体健康。

第九，由于生活节奏的加快，很多现代人已经没有了吃早餐的习惯。殊不知，早餐是一天之中最重要的一餐，能够帮助人体新陈代谢，而且能够促使血管和免疫系统始终保持年轻的状态。早餐饮食要多样化，营养要充分，人只有成为不折不扣的杂食动物，身体才能始终保持活力状态。

第十，如今，一提起激素，很多人都闻之色变。其实，适当服用激素药物，有助于女性朋友保养卵巢、降低患骨质疏松以及盆腔炎等疾病的风险。

第十一，和吃饭一样，每天按时睡觉，获得充分的休息，对于女性朋友也是必不可少的。很多爱美的女性经常会睡美容觉，其实就是让自己的身心在睡眠中得到充分的休憩。注意，为了保证肌肤舒适，血液流通不受任何阻碍，女性在睡觉时应该穿着宽容舒适的衣服，这也能够有效防止霉菌的繁衍生息。

第十二，前文说过，女性到了中年之后，身体内的钙质会迅速流失。所以

为了保证骨骼的健康，中年女性应该每天都摄取足量的钙。如果是处于孕期或者哺乳期的女性，还应该摄入更多的钙以保证营养均衡。

女性的身体是一个非常微妙的系统，要想保证身体健康，女性朋友要更多地关注自己的身体，及时觉察到身体的异常。

每年的全面体检，为女性健康保驾护航

高强度的体力或者是脑力劳动，使得现代职场的大多数人都处于亚健康状态，尤其是女性，既要做好工作，又要兼顾家庭，因而更加身心俱疲。在长期的劳累之下，身体也很容易出现各种各样的状况。如果能够及时发现和及时医治，那么就能恢复健康；如果一味地拖延下去，在不知情的情况下任由疾病肆意发展，那么女性健康就会变得岌岌可危，恶化的疾病甚至还会夺走女性宝贵的生命。所以现在有很多单位每年都会组织员工体检，并且根据性别有针对性地分为男性员工体检套餐和女性员工体检套餐。可以说，这为员工的身体健康提供了屏障，也的确起到了保驾护航的作用。

然而，有很多女性因为单位没有提供每年一次体检的福利，又或者处于无业或者自由职业的状态，并不能严格实现每年一次体检。其实，如今社会上各种各样的专业体检医院有很多，包括有一些大型综合医院也会有专门的体检科室。女性朋友们如果有体检的需求，可以随时预约体检。但是前提是，女性朋友们必须建立对于身体健康的正确观点，意识到每年一次体检的重要性和必要性，这样才能主动自发地进行体检。要知道，身体是否健康往往会影响我们的生活质量，为了保障身体健康，我们每个人都要密切关注自身的身体状况，更

要借助先进的医疗设备，为自己的健康保驾护航。坚持定期体检，我们就相当于拥有了护身符。有些女性朋友观点落后，总觉得“本来没什么病，就是因为体检了，反而查出来很多病”。其实，这种观点完全是错误的，并非是原本没有病，因为体检才生病，而是原本就生病了，只不过平日里不知道，经过体检才发现而已。所以体检不是生病的罪魁祸首，而是发现疾病、促使我们及时治疗的好方法。

通常情况下，常规体检包括胸部透视、超声波检查、血液生化、心电图等，需要花费四五百元。女性体检需要注意避开月经期，且前一天要清淡饮食，不要吃油腻的食物。如果是准备怀孕的女性，还要避开放射科的检查，而且体检当日必须空腹。此外需要注意的是，对于女性朋友而言，乳房检查、心脏检查、宫颈检查以及肿块检查，都是必不可少的项目。

虽然有些朋友对待体检态度认真，但是在体检完之后，他们并没有认真查看体检报告，以致错过了重要信息。这就像是学生们考试，但是考完之后没有及时改试卷，或者及时改了试卷却没有订正错题一样，会使考试失去意义，也即使体检失去意义。当然，我们还要保存好体检结果，这样才能建立个人的健康档案，才能与下一次体检结果进行比较，从而及时观察身体的变化。

总而言之，所谓健康体检，就是指每一个健康的人都应该进行的体检。只有定期进行健康体检，我们才能及时了解身体的健康状况，及时发现身体存在的隐性健康问题，从而做到早发现，早治疗，从而有效治愈疾病，帮助自己维持健康的身体。女性朋友们，爱自己，才是爱家人，才是对自己和家人负责。如果你已经至少一年没有进行健康体检了，那么现在就赶紧拿起电话预约吧，健康体检宜早不宜迟哦！

生命在于运动，运动的生命才有活力

人们常说，生命在于运动，遗憾的是，很多人都把运动挂在嘴边，而很少真正去做。一则是因为现代社会生活节奏加快，导致人们非常忙碌，根本无法抽出大量的时间去运动；二则是因为人都贪图安逸，也容易懒散，正如人们常说的，好吃不过饺子，舒服不过躺着，所以很多人能躺着就不坐着，能坐着就不站着，能站着绝不跑着或者走着。在这样的状态下，人必然变得更加慵懒懈怠，不愿意动弹。

作为现代女性，我们不但要出得厅堂，下得厨房，还要在职场上奋力打拼，因而生活更加忙碌。即便如此，要想成为美丽健康的女性，就绝不能忽视了运动。运动对于女人有着非同寻常的意义，除了能够帮助女人减肥之外，更能够以抛洒汗水的方式帮助女人发泄内心的压力，宣泄淤积的情绪，也能够使女性调节好心理健康，从而获得洒脱从容的人生。

大学期间，薇薇就养成了晨练的好习惯。每天早晨，当同宿舍的同学们还在睡懒觉的时候，薇薇就已经起床开始围着操场跑步了。她贪婪地呼吸着早晨清新的空气，奔跑在露水浸润的湿漉漉的跑道上，连一点儿灰尘都不起。每当早晨畅快地跑上几圈之后，她一整天都会觉得自己精神抖擞。在没有晚自习的晚上，她还会去学校的游泳池游泳。正是大学几年的运动生涯，使她总是精力充沛，信心满满。

大学毕业后，薇薇开始自主创业。对于刚刚走上社会的她而言，一切当然都很忙。即便如此，薇薇也没有放弃运动。她在办公室里放了一台跑步机，如果没有时间去外面跑步，哪怕是在跑步机上，她也会坚持运动。一有闲暇，她更是约上朋友去打羽毛球，享受挥汗如雨的快乐。就这样，毕业十年之后，薇薇不但事业上有所成就，而且身材纤细苗条，整个人看起来神采奕奕，还像是青春靓丽的美少女呢！

运动不仅能够使女人的身体保持活力，而且对于女人有减龄的作用，如果把不运动的女人和坚持运动的女人放在一起比较，坚持运动的女人定然会年轻5~10岁。说到这里，也许有很多女性朋友会说，我们不是不想运动，而是实在没有时间啊！那么，怎样才叫有时间呢！你有时间去美容，去逛街购物，难道就没有时间运动吗？其实，完全不是因为你没有时间运动，只是因为在你的心里没有把运动放在更重要的位置上。只要你认为运动是必不可少而且不能延误的，那么你就能够挤出时间来坚持运动，渐渐地也会养成运动的好习惯。

其实，运动在生活中也是无处不在的。现在很多经济富裕的家庭都会雇用小时工打扫卫生，殊不知，与其花钱请小时工，不如自己做家务，不但省钱了，而且能用心地把家里打扫得更加干净整洁，最重要的是能够运动。没错，做家务也是一种运动。此外，很多女性朋友都是电视迷，看电视时喜欢一动不动地盯着电视屏幕，那么，为何不借助于广告的机会站起来走一走，或者原地来几个下蹲起呢？这样的运动虽然量很小，时间也很短，但是总比窝在沙发上不运动来得强多了。晚上睡觉前，还可以利用睡前的短暂时间，做十几个仰卧起坐，每天循序渐进，日久天长就能减少腹部的赘肉，拥有健美的身材。总而言之，想运动的女人随时随地都能找到机会运动，不想运动的女人哪怕花钱去健身房，也是非常慵懒、不愿意动弹的。当然，运动的项目应随着女人年龄的不同和自身的具体情况进行适当的调整。虽然运动能够增强我们的活力，让我们变得青春美丽，但是也要把握合适的度。过度运动会损伤我们的身体，更会让我们得不偿失。

健康饮食，帮助女人身体轻盈

随着社会的发展，人们的生活水平渐渐提高，但是环境污染也日益严重，很多年纪大的人都说再也吃不到曾经那些纯天然、无污染的食物了。实际上，现代社会不但天然的食物少了，而且人们的饮食习惯也越来越不健康了。很多人处于亚健康的状态下，一则是因为吃的东西不好了，二则也是因为饮食习惯变差了。不好的饮食习惯，会让人的身体健康状况恶化，也会使人体内积累更多的垃圾，导致面色暗淡、身体疲劳等，甚至还会出现各种不适，诸如便秘、痔疮等。对于现在这些爱美的女性而言，只有表面的美丽其实是远远不够的，唯有身体健康，才能得到由内而外的美丽，才能变得身轻如燕，神思轻灵。

如今，很多女性朋友都把排毒养颜看得很重，有些女性朋友甚至采取吃排毒药的方式排毒，可以说，这样的做法是不正确的。所谓是药三分毒，不管怎样，长期依赖排毒药物都是不可取的，效果也未必好，反倒有可能事与愿违，危害身体健康。很多专家都说，人体自身就有自净功能，会排出毒素，诸如日常生活中的流泪流汗，以及排便排尿等，实际上都是排毒的形式。因此，我们完全可以通过调整饮食结构，合理饮食，来排出身体内的毒素，而不必总是依靠外力的作用，扰乱自身的排毒功能。

如果确实感到身体异常，或者觉得必须依靠外力排毒，那也必须在医生指导下，根据身体的实际情况有的放矢，而不要总是把排毒药当成无毒无害的保健品服用。众所周知，对于女性朋友而言，气血是否充足，是很重要的。所以女性朋友在养生的时候更要注重对自身进行深度调理，而不要总是盲目地大补。有些女性常年吃冬虫夏草、燕窝人参等大补的东西，其实这些大补的营养对于气弱体虚的女性而言并不适用。总而言之，排毒养颜绝不能盲目进行，而是要根据身体的实际状况，在专业医生的指导下有的放矢。

通常，有些有助于排毒的食物，我们在日常生活中是可以经常食用的。所谓药补不如食补，假如我们能够调节好饮食，也许会对排毒起到事半功倍的效果。首先，我们可以多食用海藻类食物。诸如海带、海白菜等。海带中含有一种叫作硫酸多糖的物质，能够清除血管内部附着的胆固醇，从而有效降低血液中胆固醇的含量。此外，海藻类食物还有一种胶质，可以降低人体对重金属的吸收，尤其能够帮助女性朋友降低雌激素水平，恢复卵巢活力，还有助于消除乳腺增生。除了海带和海白菜之外，诸如紫菜、昆布等，都属于海藻类食物。

菌类也是健康食品，能够清洁血液，排毒养颜，帮助女性保持身材苗条。诸如蘑菇、黑木耳等，都有很好的养身作用。黑木耳是人体的清道夫，对于人体健康非常有益。另外，豆类也有助于人体排毒，促进人体新陈代谢。诸如黄豆、绿豆、黑豆等，都是很好的排毒食物。

除了海藻类、菌类和豆类之外，很多蔬菜也有很好的排毒养颜效果，诸如大蒜不但能解铅毒，而且能防止血栓形成，也是很好的抗癌药物。胡萝卜能够延缓衰老，帮助女性朋友保持肌肤年轻。南瓜也含有丰富的果胶，能够防癌，而且富含微量元素钴，而钴是合成胰岛素不可缺少的微量元素之一。菠菜有助于保持血糖稳定，还能预防便秘，缓解夜盲症状。花椰菜含有大量类黄酮，可以清理血管，防止胆固醇氧化，也可以防止血小板凝结，还可以降低乳腺癌、直肠癌以及胃癌的发病率，可谓是当之无愧的健康菜。

女性朋友们要想健康饮食，就要了解各种有助于排毒养颜的食物，从而做到调整饮食结构，用食疗代替药物，使身体变得更加健康。除此之外，我们还要更加了解自己身体的状况，才能做到及时洞察身体的改变，及时调整身体的状况，从而更加健康和美丽！

面对痛经，女人不得不知的秘密

每个月的那几天，都是女人最痛苦的时候。有些女人因为痛经，甚至脸色蜡黄，疼得打滚，不得不在床上躺几天。在备受痛经折磨的女性朋友不在少数。她们之中除了痛经特别严重的，大多数人在那几天都觉得下腹坠胀，乳房酸痛，也会觉得全身疲乏无力。这就是每个曾经感受过痛经的女人都闻之色变的那几天。痛经的女人总是很羡慕那些来月经时也非常轻松的女人，哪怕在那几天，她们也谈笑风生，丝毫不影响生活和工作，而且量也没有那么多，通常 1~3 天就过去了。而痛经的女人往往量多，持续时间在 3~7 天。还有些女性朋友因为月经量大，甚至患上了贫血。

为何每个女人月经的症状都不一样呢？为何痛经真的会把人疼晕过去呢？所谓痛经，主要是因为经血流经子宫，刺激子宫肌，导致子宫收缩引起的。生过孩子的女人都知道，不管是生产之前还是生产之后，宫缩都让人痛不欲生。可想而知，没有生过孩子的女人却要经历子宫肌的收缩，该是多么的疼痛难忍啊！

女人的身体是有生理周期变化的，随着周期的改变，女人的内分泌也在不断变化，女人的心理和生理自然也有所不同。其实，在月经前后，女性朋友可以通过调整自身的饮食结构，从而使自己的痛经症状有所缓解。

很多女人月经前会感到心情烦躁，甚至会感到心情不安。这时，女人可以摄入一些蛋白质以及清淡饮食，来缓解心情的焦灼不安。诸如豆腐、鱼类、青菜等，还可以吃些五谷杂粮，来促使自己的心情变得好起来。在月经初期，为了增强胃口，可以吃些补充铁质的东西，注意不能喝碳酸饮料，否则会影响铁质的吸收。为了促进子宫收缩，尽快排出体内的污血，还可以吃些动物肝脏。

在此期间要注意少吃甜食以及刺激性食物，尽量保持心情愉悦。由于在月经期间身体会少量失血，所以在经期之后，女人要适量进食富含铁质的食物，也要适当补充微量元素。在此期间，可以吃肉类、动物肝脏等，也可以多吃奶制品和蛋。从而循序恢复体力。需要注意的是，各种刺激性食物和烟酒等，都会刺激身体，导致痛经，所以女性的饮食要以清淡滋补为主，尽量不要过于刺激。

当痛经来袭时，可以吃香蕉，喝牛奶，从而缓解情绪紧张，减轻压力。还可以补充维生素，尤其是维生素 B_6，从而稳定情绪，有助于睡眠。注意不要喝茶和咖啡，否则会导致焦虑的情绪加重。正因为女性每个月都要流失一部分铁，所以女性需要的铁比男性更多。否则，女性就会患有缺铁性贫血。当然，如果痛经过于严重，还是要去医院就医，以免贻误病情。有的时候，医生在排除有其他病情之后，也会开一些益母草颗粒等以减缓痛经。

第08章

展现魅力，女人不必为难自己的美丽

对于任何女人而言，美丽是永恒的追求。一个女人哪怕很平庸，但是只要体态优美，长相漂亮，气质独特，她也能够显得鹤立鸡群，与别人截然不同。当然，女人只有外在美还是远远不够的，还要具有内在美，这样才能更好地展现自己独特的魅力，并形成自身与众不同的风采。

女人，你真的了解自己吗

现实社会的生活光怪陆离，形形色色。尤其是随着社会的发展，有些人更加追求物质、金钱和名利，而忘却自己的本心，甚至无法体会到自己存在的意义，以致失去自我。不得不说，苏格拉底所说的“世界上唯有自己才是最难认清的”，这句话非常有道理。虽然我们必须通过很多表面上的成功来验证自己的确是很有能力的，但是我们必须首先认清楚自己，其次才能最大限度发挥自身的能力，以自己的成功让别人对我们刮目相看。当然，实现人生意义的方式也并非只有成功一种。通常情况下，认清楚自己是非常漫长的过程，又因为“不识庐山真面目，只缘身在此山中”，所以我们往往无法明确知道自己的优势和劣势，以致对自身非常迷惘，也对人生失去把握。

一个人必须清楚地认识自己，对于自己的人生目标和意义所在都有准确清晰的定位，才能消除恐惧和焦虑，轻松自如地面对人生。所谓尺有所短、寸有所长，我们也必须知道自己的优点和不足，才能取长补短、扬长避短，才能更加了解自己。试想，如果一个人根本不了解自己，他又如何有的放矢，做到成功规划和改变自己的人生呢？尤其是对女人而言，假如连自己都不认识也不了解，就不可能实现所谓的知己知彼、百战不殆。

很多朋友都读过《茶花女》，也对茶花女悲惨的结局感到非常同情。然而茶花女的悲剧并非是命运使然，更大的原因是茶花女对于自身根本没有清醒的认识，而且在失去爱情之后只会沉湎于悲伤之中无法自拔。这样一来，她的命运可想而知会有多么悲惨。假如茶花女能够和很多主动积极的女人一样勇于追求属于自己的爱情，成功把握自己的命运，那么她的人生必然截然不同。由此可见，一个女人要想成功把握人生，获得幸福，首先要认清楚自己，这样才能弥补自身的缺点，发扬自身的优点，让自己更加从容地应对人生，成功把握命运。

很多女性都自以为了解自己，实际上，她们对于自己的了解并不比对于朋友或者同事以及家人的了解更多。有的时候，主观意识会蒙蔽我们的眼睛，甚至使得我们根本无法打开自己的心扉，也很少有人能够真正做到与自己对话和交流。那么，我们到底应该如何了解自己呢？所谓认清楚别人简单，认清楚自己却很难。曾经有个推销员为了提升自己的销售技能，四处请客户吃饭，目的只是为了让客户说出对他的感受和批评以及建议。果然，在请了无数客户吃过饭之后，他不但更加清楚深刻地认识了自己，销售的能力也大幅度提高。

人都是主观动物，很多人在处理关于自己的事情时，难免会带有强烈的主观色彩。因而我们要努力跳脱出来，更加客观地评价自己，从而对自己的优缺点都有所了解。所谓金无足赤、人无完人，不管我们对自己多么满意，那都是主观上的满意，从客观的角度而言，我们一定是有缺点的，有时候还会有致命的缺点。因而我们要更加注重反省自身，从而对自身的表现和特点有更深层次的了解。这样，我们才能不断地获得进步，距离成功越来越近。

需要注意的是，很多人在认识清楚自己以后，总是对自己非常失望。接下来，我们要做的就是悦纳自己。这个世界上没有绝对完美的人，在人生的路上也许我们历经坎坷，失败过很多次，但是我们恰恰可以借助于这些机会，让自己汲取经验和教训，最终取得胜利。

尤其是女人，更容易无端地陷入沮丧和绝望之中，而且常常会被自卑的情绪困扰。在这种情况下，女人应该尽量避免感情冲动的弱点，从而更加理智地思考，为自己树立坚定不移的信念和信心。总而言之，女人心智的成熟并非一朝一夕间就能完成的，唯有自尊自爱、独立自强，女人才能在人生的道路上越走越远，走出属于自己的人生之路。

人靠衣裳马靠鞍

常言道，人靠衣裳马靠鞍。通常情况下，好马要配好鞍，同样地，天生丽质的女人如果有得体的服饰装扮自己，则瞬间就能为自己加分。也许有些朋友会说，看一个女人是否美丽不能只看女人的外表，更要看女人的内在。这话当然没错，但是试问：如果一个女人的外表邋里邋遢，惨不忍睹，那么她又如何有机会展示自己内在的美呢！就像很多应届毕业生都说自己能力很强，却没有过硬的学历作为敲门砖，最终导致自己被知名企业拒之门外，试问这样又如何有机会表现自己的超强能力呢？所以不管是女人也好，还是大学生也罢，都要更好地搞好自己的硬件，才能有机会展示自己的软件，才能有机会得到他人的认可和赞赏。

现代社会，各种礼仪和人际相处之道都被提升到前所未有的高度，尤其是和国际社会接轨之后，很多西方国家的礼仪也涌入中国。所以，要想成为一个合格的现代人，要想在各种场合和不同的人打好交道，我们就更要懂得礼仪，也要学会用得体的服饰为自己加分。

那么，女人在穿衣打扮的时候，到底要遵循哪些原则呢？

首先，每个人的身份地位不同，脾气秉性也各不相同。所以，在选择服装的时候，女性朋友首先要用心选择最适合自己身份、地位、年龄和气质的衣服。同样一件衣服，穿在青春美少女的身上也许很漂亮，但是要是穿到五六十岁的大妈身上，则一定会显得不伦不类，使人觉得啼笑皆非。从更细致的方面来说，女人穿衣服还要符合自己的肤色、发型、体态等。唯有让衣服与我们相得益彰，衣服才会对我们起到更好的修饰和提升的作用。

其次，女人的不同社会角色，决定了女人也要有不同的得体服装。诸如有些女性朋友非常职业，那么就要穿着得体的职业装；有些女性朋友是从事化妆品推销的，着装就不宜过于花哨，而要把装扮自己的重点放在妆容上；还有的女性朋友是做公司里的清洁工作的，那么只适合淡妆打扮，穿着朴素的服饰，如果打扮得过于妖艳，难免使人怀疑她能否真的做好打扫卫生的工作。当然，在工作时间之外，不管从事何种工作的女性朋友都可以顺着自己的心意、按照自己的喜好打扮自己。

如今，很多单位在招聘的时候，不仅关注应聘者的简历，对于应聘者的个人形象也会有很大分量的考量。所以，女性朋友在应聘时，还应该根据工作的性质以及企业的文化和内涵，更好地进行服饰搭配，从而让自己在企业负责人面前展现出完美的形象。

在搭配服饰的时候，除了要考虑服饰的款式、质地之外，也要考虑色彩的搭配。通常情况下，冷色调或者深色系的衣服，会给人庄重干练的感觉；暖色调或者浅色系的衣服，则会使人显得更加平易近人，更容易亲近，而且能够起到减龄的效果。因此，女性朋友在确定服饰的颜色时，也应该根据场合选择颜色，从而更加凸显出自己的魅力。

当然，即便服饰搭配有很多好的指导原则，也依然有人因为审美的局限以致着装失败。例如，在夏天，有很多女性朋友穿着过于暴露，以致在公交车或者地铁上遭遇咸猪手。不得不说，虽然心怀不轨的男人很可憎，但是女性朋友也应该做好自我防护工作，避免自己的穿着过于轻浮和暴露，否则未免有诱惑犯罪的倾向。

总而言之，虽然我们每天都要进行的穿衣服工作看起来很平淡无奇，但是着装会从很大程度上表现出女性朋友的人格、品位以及很多带有强烈个人色彩的特点等。我们不仅要照顾好自己的脸，更要选择最适合自己的服装，从而让得体的服饰为我们加分，帮助我们获得进行良好社交的通行证。

白嫩的肌肤，让女人瞬间变年轻

对于任何人而言，人体上覆盖面积最大的器官就是皮肤。也许用器官来作为对皮肤的定义并不恰当，但是皮肤的确是每个人都有的，而且是每个人身上以大面积展示在他人面前的。有很多女人只顾着关注自己的面部，恨不得唇红齿白，明眸善睐，却忘记除了脸部之外，还有颈部、手部、胳膊和腿部，甚至脚部的皮肤，都是不容忽视的。我们要想判断一个女人是否养尊处优，从她的面部往往很难得到准确的判断，此时，观察女人的手和颈部反而更容易判断出她的年龄以及生活的状态。尤其是女人的手，一个经常做家务、干粗活的女人的手，和一个十指不沾阳春水的女人的手，是截然不同的。

记得有个广告词说，一白遮三丑。实际上，所谓的白，不仅是指女人的皮肤白皙，还指女人的皮肤要非常柔嫩顺滑。女人哪怕拥有再多的衣服，也比不上肤若凝脂更加惹人注目。所以聪明的女人不会一味地买漂亮的衣服，也要关注自己的皮肤、保养自己的皮肤，从而让自己的皮肤更加青春美丽、富有弹性。

当然，对于女人全身的皮肤而言，还是脸上的皮肤最重要，毕竟树活一张皮，人活一张脸。任何时候，脸都是我们展示给他人看的第一个部位，也是完全暴露的部位。那么，女性朋友们，你们对自己的脸真的足够好吗？

你会洗脸吗？说起这个问题，很多女性朋友一定觉得啼笑皆非，的确，我们从很小的时候就开始洗脸，又怎么能不会洗脸呢？别着急，耐心地往下看，相信你们之中的大多数人都会如梦初醒：原来，这么多年来，我真的不会洗脸。很多人洗脸的时候喜欢用温水甚至是热水，殊不知，热水会使皮肤的汗毛孔张开，导致皮肤毛孔粗大，变得衰老。正确的方式是用冷热水交替的方式洗脸，先用温水清洁毛孔，再用冷水刺激毛孔收缩，如此一来既能达到清洁的目的，也能保持面部皮肤的紧致。其次，洗脸的时候要用洗面奶。人的皮肤每天都在老化，因而需要深度清洁。使用洗面奶的时候最好不要直接把浓缩的洗面奶涂抹在脸上，而要把洗面奶放在手掌心里，用水稀释之后，再涂抹于面部轻轻摩擦。这样可以避免角质层受伤，也可以以温和的方式洁净皮肤。等到脸部洗干净之后，才应该使用面膜补水，然后再用化妆水给肌肤补足水分。

当然，要想拥有吹弹可破的肌肤，还可以以睡美容觉的方式，唯有拥有充足的睡眠，才能让肌肤得到更好的保养。如果经常睡眠不足，或者经常失眠多梦，皮肤是不可能变好的。如果长期睡眠不好，身体内分泌失调，还会导致便秘等症状，使得皮肤情况恶化，面部或者长出粉刺，或者生出暗斑。因此，作为现代女性，不管生活与工作多么忙碌，我们都要保持充足的睡眠，这样才能从内部调理好身体，才能让肌肤变得越来越光洁细嫩。

此外，好身体吃出来，好皮肤也是吃出来的。女人要想拥有好皮肤，就要从饮食上下功夫。唯有保证身体不缺水，摄入足够的富含蛋白质和维生素的食物，才能有限延缓皮肤衰老，滋润皮肤，让皮肤变得紧致光滑。除了从内部补水之外，也要从外部让皮肤喝饱水。现在有很多的水疗方法，都可以让皮肤从内而外变得通透，也有助于缓解身体的压力，使得身体完全放松。

总而言之，皮肤的问题是非常敏感的问题。尤其是对于女人而言，皮肤是非常娇嫩的，女人一定要更加关注皮肤健康，保养好皮肤，这样才能让自己变得更美丽。需要注意的是，在炎炎夏日和寒冷的冬日，都要帮助皮肤保持血液循环，这样才能避免高温或者低温伤害皮肤。

品位，提升女人的档次

每个女人都希望自己成为一个有品位的女人，遗憾的是，现实生活中，有很多女人都没有品位，或者说品位很低。很多女性朋友都抱怨生活枯燥无味，寡淡如同白开水，殊不知，女人的品位恰恰能拂去生活的灰尘，让生活绽放出与众不同的光彩。

然而，品位并非如同一件衣服一样是可以买来穿在身上的，而是由内而外散发出来的涵养。一个人的品位，与他的成长经历、生活背景和知识、修养是分不开的。一个女人要想有品位，首先要提升自己的内在，获得内在美，这样才能拥有感悟深刻的心灵，才能拥有充实善感的内心世界，才能表现出不同流俗的高尚思想和不同凡响的品位。有品位的女人往往都有大智慧，而且在生活中表现得机智成熟，她们有独立的人格，因此对待人和事情都有自己独到的见解和看法。尽管她们看起来不那么惊艳，却有内在深沉的美丽；或许她们不够性感妖娆，却有着独属于自己的格调。她们说起话来铿锵有力，却绝不尖酸刻薄；尽管她们看起来雷厉风行、自信果敢，但是她们内心深处也有非常柔软的地方。所以，即便她们孑然于世，也从来不会感到悲哀寂寞，因为她们有属于自己的

姿态，也有属于自己的天地。

作为女人，要想打造属于自己的品位，我们就要做好以下几个方面。首先，我们要坐有坐相，站有站相。唯有如此，我们才能拥有端正的品行，绝不会因为放浪形骸被别人误解和轻看。走路的时候，也要有正确的走路姿势。女人行走的时候脚步不宜太重，而要轻盈稳重；还要时刻保持身体的重心，这样才能保持身姿端正，不至于踉跄。此外，只要是出门，女人就一定要为自己准备一双合脚的鞋子。拖鞋，不管在什么情况下都是不应该穿出家门的，一则因为拖鞋根本不合脚，不利于行走；二则也因为拖鞋是家里穿的鞋子，穿出去见人未免给人过于随意、不够尊重的感觉。

除了各种姿势都要符合规矩之外，女人还应有自己的兴趣爱好，活出独属于自己的闲情逸致。例如，有的女人喜欢音乐，就如同音乐仙子一般精灵；有的女人喜欢绘画，往往把自己的心意都描绘在一笔一画之中；还有的女人喜欢喝茶，显得深邃宁静；也有的女人爱好厨艺，把为家人做出美味佳肴作为毕生最大的追求。其实，不管女人喜欢什么，只要她们用心去做，就总是能够活出属于自己的精彩。

当然，有品位的女人也很注重打扮自己。她们不管什么时候见人，都是光鲜靓丽的，从不邋遢。有的时候，哪怕我们一言不发，他人也能从我们的装扮上判断我们的为人、脾性，从而更加尊重和认可我们。所以，聪明的女性朋友们，一定要让自己亭亭玉立于世。女人还要善于修养身心，唯有如此才能更加由内而外焕发出神采，才能活得与众不同，活出真我风采。所以，朋友们，从现在开始，让自己成为一个有品位的女人吧，相信人生一定会给你一份满意的答卷，让你更加从容坚定地走好人生之路！

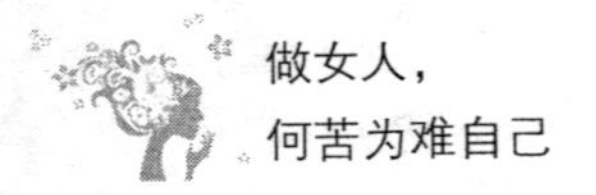

微笑，是女人最美丽的表情

对于任何女人而言，最美丽的妆容不是用各种名牌化妆品在自己的脸上涂涂抹抹，而是脸上始终挂着最美的微笑。微笑，是浅浅的笑，像含苞待放的花骨朵一样使人心生无限的向往，是根植于女人心灵中的美丽花朵，让人感受到沁人心脾的芬芳美好。微笑的人，有着发自内心的自信，有着流淌于心底的善良，有着从容不迫的镇定自若，有着坚强的、永不凋谢的希望。

生活中，人与人之间的关系是复杂而又微妙的，只有拥有自信和快乐的人，才能带着由内而外散发出来的微笑，对待这个世界，对待世界上所有的人和事。有人说，微笑是整个世界的通行证。的确，对于语言不通的人而言，微笑确是共同的语言。所以聪明的女人不但微笑着对待他人，也能够从他人那里得到同样的回报。也许有些朋友会说，不就是微笑么，我也会啊。的确，微笑这个动作，哪怕是刚刚出生几天的婴儿，都能做出来，但是微笑的意义绝不仅仅是一个动作，而是丝丝缕缕的阳光，能够让人们心中燃起光明。微笑是绚烂多彩的花朵，开在每个人人生道路的两侧。爱微笑的人，生命沿途会开满微笑之花；越是善于微笑的人，就越能够打破人生的坚冰，让人生更加幸福美满，并能消融他人心中的敌意，从而与他人和谐友好地相处。总而言之，有微笑的人生，就像是洒满阳光的天空，阴霾无法长久地留存，而微笑却能永恒。

很多女性都在追求更好的化妆品，恨不得让自己变得更加美丽，但是她们忽视了，最美丽的脸庞盛放在她们的心里。看吧，微笑的霞光中，有着你对于生命的无限渴望。只要你真正发自内心地微笑，也许整个世界都会融化在你的春风里。

迄今为止，蒙娜丽莎的微笑依然魅惑着整个世界。现实生活中，人们发自

心底的微笑也毫不逊色，甚至能够表现出更多的纯真、热情。生活中，每个人都难免遇到不愉快，甚至还会遭到他人的伤害。与其恶意地攻击和报复他人，不如更真诚地微笑，让生命之花绽放在他人的心里。很多时候，当我们选择了微笑，我们也就选择了宽容；当我们选择原谅他人，我们也就选择了宽宥自己。人生之中，除了生死是大事之外，还有什么事情是让我们放不下的呢？认识到这一点，我们的人生必然更加从容不迫，我们的心也会更加绚烂地绽放。

很多女人都想让自己变得坚强，甚至以各种决绝来伪装坚强。殊不知，微笑就是坚强最好的表现形式，面对他人的伤害，面对命运的残酷，微笑的女人散发出自强、自信和自尊的耀眼光芒，使得自己变得更从容，成为人生真正的强者。

人们常说，爱笑的女人运气总不会太差。的确，如果说各种人际交往的冲突就像是寒冬腊月的积雪，那么微笑就像是融雪剂，马上就能让马路上厚厚的积雪变成柔和的水。所谓百炼钢成绕指柔，女性要想更加幸福，就要学会以温柔的微笑作为武器，征服那些看似刚强的男人！

第09章

学会发泄，不让自己长时间沉浸在悲伤里

每个人都会有各种各样的负面情绪，感情敏感的女人更是如此。其实，不管我们遭遇何种处境，也不管我们的人生面对怎样的困窘，我们都要学会发泄自身的负面情绪，这样我们才能避免长时间沉浸在悲伤中，才能避免自己的心灵受到更深的伤害。就像是垃圾箱满了要倒掉一样，我们的心也要学会发泄，这样才能始终保持干净和清爽。

事情其实很简单，是你想多了

生活中，未雨绸缪当然是好的，但是也要讲究一定的度。未雨绸缪一旦过度，就会变成杞人忧天，使人徒曾烦恼。实际上，很多时候事情并非我们想象中那么复杂，只是我们的心太复杂了，事情也才变得更加烦琐起来。很多时候，女人尤其喜欢把事情想得复杂，男人往往对此表示不理解，因为他们不知道，事情明明可以简单处理和解决，为何却偏偏要迂回曲折，走更多的弯路呢！

的确，男人的质疑并非空穴来风，只是除了男人在抱怨女人思考太过复杂之外，女人也在抱怨男人想事情总是两点一线，想得太简单。由此一来，男人和女人就像是两条平行线，再也没有交集的那一天。但是，即便如此，作为世界上唯一存在的两种人，男人和女人之间还是要学会交往，这样才能彼此相安无事。

新婚燕尔，依依发现和丈夫肖刚之间变得非常陌生，甚至都有些不认识肖刚了。肖刚呢，也觉得那个善解人意的依依不复存在，因为猜疑的依依让他感到非常疲惫不堪。

这个周五，因为晚上要加班，肖刚打电话给依依：“老婆，我晚上要加班到 10 点，也有可能更晚一些，你自己先吃饭吧，不要等我了。”依依接完电

话之后，坐在沙发上开始不停地揣测：“肖刚是在办公室里工作，为什么要加班呢？他又不在车间里，也不需要赶活儿。难道又是和哥们儿去喝酒了，所以故意编出这个谎言来欺骗我吗？还是和前女友一起吃饭去了，让我一个人独守空房呢……”思来想去，依依越来越不淡定，因而当即决定去工厂里找肖刚，亲眼验证肖刚到底在做什么。就这样，依依拿起大衣和皮包，平日里节俭的她居然还迫不及待地打了个车去工厂。等到依依气喘吁吁地来到肖刚所在的办公室时，却发现肖刚正在伏案疾书。神色紧张的依依觉得有些不好意思，因而说：“老公，我是来接你回家的，到时候咱们一起去饭馆吃晚餐吧！”肖刚不理解地问：“我正在为领导写一篇发言稿，也许会很晚呢！你是怎么来的？”得知依依是打车来的，肖刚未免有些不悦：“从家到这里这么远，你打车来看我？还是来抓奸？”依依脸红了，肖刚也很生气。

女人是非常敏感而又多疑的，因而男人们在婚姻生活中千万不要失去女人的信任，否则就会被女人猜忌一辈子。事例中的肖刚与依依还是新婚燕尔呢，依依就总是把事情想得太多，而且想象力极其丰富，更何况那些对于夫妻关系感到紧张的妻子呢！男人要想经营好夫妻生活，最重要的就是赢得女人的信任，毕竟任何人际关系的基础都是彼此信任，夫妻之间也是如此。

当然，作为女人，我们也要注意收敛自己。毕竟不被信任的感觉很糟糕，尤其是被自己爱人怀疑，更是很多男人都无法容忍的。在这种情况下，明智的女人会选择信任自己的爱人或者丈夫，而不是总是毫无意义地猜忌，最终使得对方心理失衡，真的做出符合女人猜忌的事情，那可就得不偿失了。所谓凡事皆有度，女人爱自己的丈夫当然可以，但是不要把丈夫当成私人财产，不停地琢磨和看管，要记住丈夫不是犯人，你也不是警察，两性之间更需要彼此信任和足够真诚，如此才能经营好婚恋生活。

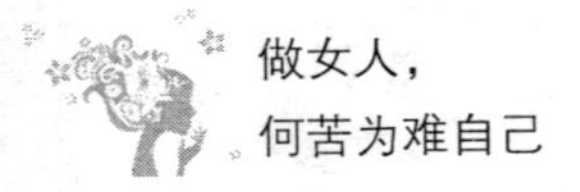

换个角度看待问题，人生会豁然开朗

人生，对于每个人而言都是一场修行，也是一场永不停息的比赛。也许到了生命终结的那一刻，我们才可以分出胜负输赢，在平时的日子里，虽然人们彼此相互较劲，谁也不服气谁，但总归是无法完全决出胜负的。

众所周知，女人生性敏感，尤其喜欢猜忌，也很容易陷入忧愁和焦虑之中无法自拔。这使得很多女人都远离快乐，甚至总是觉得一切都无法面对。殊不知，命运并不曾亏待女人，而大多数女人之所以觉得心慌意乱，就是因为对待生活的态度不够端正，与此同时，她们看待生活中各种问题的角度也未必都是正确的。假如女人能够换一个角度看待问题，也许人生就能够豁然开朗呢！

很多女人不管遇到什么事情，也不区分是大麻烦还是小麻烦，总是第一时间先怀疑自己，甚至觉得自己的人生从此之后失去希望，也误以为自己的命运再无扭转的可能。这样的态度，如何能够帮助女人赢得人生的更多机会，让女人拥有更多的力量和勇气改变人生呢？毋庸置疑，现代社会各种事物的发展瞬息万变，每个女人都面临更多的挑战，也要承受生活中更大的压力。唯有保持理想的状态，唯有在坎坷困境中始终能够把握机会，奔向成功，女人才能拥有充实的人生。

也许有些朋友会质疑：难道换个角度看待问题，问题就能迎刃而解了吗？当然不是。不管我们从哪个角度看待问题，问题都摆在那里，在我们没有解决它之前，它不会变得更坏或者更好。但是假如我们能够换个角度看待问题，我们就会从最初只看到问题糟糕的一面，进展为发现问题其实也有着转机，甚至如果处理得当，坏事请还能变成好事情，这样一来，我们的人生便豁然开朗。就像古人所说的，柳暗花明又一村，难道那个村原先不在吗？当然不是。那个

村一直都在，只是我们此前没有站在合适的角度。从这个意义上来说，我们在人生中不管遭遇怎样的坎坷逆境，都应该勇敢地继续向前，这样才能找到新的角度审视生命，才能发现新的契机解决问题。这就是我们面对困难不应该放弃的原因，因为万事万物都处于不停的发展变化之中，我们唯有保持进取，才能为自己争取到更多的可能性。

很久以前，在一个炎热的夏天的傍晚，有个年轻的女人投河自尽。河里正在捕鱼的渔夫把女人救到船上，问她："生活多么美好啊，你这么年轻，为何要自寻死路呢？"女人泣不成声，还想轻生。渔夫阻止了她，她说："你让我死吧，我活着再无任何希望了。我结婚才两年，好不容易生了孩子，孩子却有先天疾病，别说没钱了，就算有钱也救不了。丈夫就这样弃我而去，我把孩子送到医院门口就来寻死，这样孩子成为孤儿，至少能够得到那些好心人的帮助。"

渔夫听了女人的哭诉，沉思片刻才说："你觉得，如果孩子的生命只剩下最后一段短暂的时间，他是愿意被抛弃，还是愿意在妈妈温暖的怀抱中死去？"女人突然被问住了，良久才说："哪一个孩子不需要妈妈呢？我太狠心了呀！但是我真的没有办法，我已经走投无路了。"渔夫说："既然不能给孩子更多，就给他妈妈温暖的怀抱吧，至少他还能感受到你的体温。就算孩子真的去了，你也还可以过上和没结婚之前的生活，但是你对孩子不会再有遗憾，因为你已经尽了妈妈所有的力量。"

女人听了渔夫的劝，从此之后再也没有轻生过。她去医院接回孩子，全心全意地陪伴孩子度过生命中最后那段时光。后来，当小天使来了又去后，她也被命运的车轮带回两年前，再次成为没有丈夫和孩子的年轻女人。等待着她的，虽然有心底的痛苦，但是也有充满无限可能的未来。

事例中的女人之所以倍感痛苦，是因为她被问题禁锢住了。她一心一意想要解决问题，但是她不但被丈夫抛弃，也没有能力帮助孩子减轻痛苦，所以她

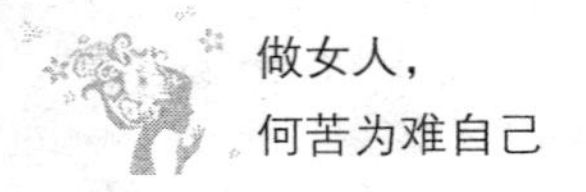

选择了以死的方式来逃避。然而，很多时候，人之所以痛苦，并非因为问题本身，也有可能是因为看待问题的角度不对。渔夫启发了女人，让女人知道任何有钱人的帮助都无法减轻孩子的痛苦以及他对妈妈的依恋。母子一场，既然不能留住这个小天使，为何不以温暖的怀抱送他离开这个世界呢！

接纳和消化痛苦，是一件非常艰难的事情。每一个女人都不愿意与痛苦相伴而行，偏偏命运总是和我们开玩笑，让我们在兴奋欣喜地享受生活之余，也感受到锥心的苦痛。不得不说，痛苦是生命的本质之一，是我们无论多么努力都无法成功摆脱的。既然如此，就让我们悦纳痛苦，而不再对痛苦不顾一切地排斥和抗拒。我们唯有成功地打开痛苦之门，才能真正地让自己的心恢复自由。

宽容对待自己，让心得到慰藉

很多女人总是心怀悲伤，哪怕命运并没有亏待她们，哪怕一切并没有偏离她们的希望太多，她们也依然悲伤，因为悲伤已经成为她们的一种坏习惯，已经变成了她们对待生活和其他人与事情的态度。然而，尽管悲伤在短时间内对于生活并没有实质性的影响，但是随着时间的流逝，悲伤作为一种负面情绪必然不断累积，最终量变引起质变，使得女人的一生变得非常悲哀。当悲伤成为生命的色彩，对于女人而言当然不是一件好事，更不是值得庆幸的事情。

常言道，女人心，海底针。这句话不仅告诉我们女人心思细腻，也告诉我们女人的心态是非常复杂的。很多女人性格柔弱，总是因为各种各样的原因感到情绪抑郁，如同黛玉葬花，原本非常自然的花开花落，在黛玉心中却成了不可逾越的障碍。当然，这与黛玉寄人篱下的处境是有关系的，但是，也的确是

因为黛玉的性格多愁善感，才使她容易变得更加悲伤。同样的情形放在薛宝钗眼中，也许她也会感慨一两句，但是绝不会因此变得绝望沮丧。

女人对待自己应该宽容一些。现代社会有很多女强人，也有很多女人心比天高、命比纸薄。她们对于自己的人生的确充满渴望和憧憬，也有着至高的理想和人生目标，但是她们真的不知道如何实现自己的梦想，更无法坦然面对凋零的梦想。这样一来，原本是激励人生的梦想，就会变成让人郁郁寡欢的根源。

在人生遭遇困境的时候，很多女人都梦想着能够从他人那里得到安慰和慰藉，殊不知，他人的安慰只能暂时安抚我们的心灵，要想得到心灵上真正的宁静，更需要我们对自己的宽容。当初，诺贝尔实验室爆炸，亲弟弟也在爆炸中身亡，但是他没有气馁，而是很快又找到一个远离人烟的地方继续试验。假如没有强大的内心，假如他沉浸在失去弟弟的悲痛中无法自拔，他也就不会有后来的伟大成就。爱迪生的实验室也曾经被烧毁，但是他同样没有绝望，而是鼓励同事们:“没关心，大火不仅烧掉了我们的房子，也烧掉了我们的错误，我们正好可以重头再来。”这样的胸襟和气度，就是对自己的宽容，也是让自己做出成就的保障。

大名鼎鼎的作家列夫·托尔斯泰曾经说过，世界上大多数幸福的人都很相似，但是不幸的人却各有各的不幸。归根结底，他们之所以不幸，是因为他们的观点各不相同，因而他们对于人生的把握也各不相同。

人生总是有着各种各样的不如意，我们唯一需要做的，就是宽容地对待人生，从而让人生更加从容。尤其是女性朋友们，内心总是充满悲观愁苦，甚至影响自己的命运，所以，我们更应该让自己的心态变得积极起来，这样才能有效改变命运。

传说，有个国王想从自己的两个儿子中挑选一个作为王位继承人，但始终无法作出选择。为了让两个儿子一较高下，国王想出了一个好办法。他拿出两个金币分别分给两个儿子，但是他已经事先瞒着儿子们，偷偷把他们装金币的口袋剪了一个洞。这个洞足以让金币从口袋里掉出去。中午时分，两个儿子一前一后地回来了。大儿子神情沮丧，国王问他怎么了，他懊悔地说："都怪我，没有保管好金币，金币丢了，东西也没有买回来。"相反，小儿子却兴高采烈，似乎在路上捡到了宝贝一样。在国王的询问下，小儿子说："我用一个金币买到了一个教训，那就是每次往口袋里放东西之前，一定要先检查口袋是否完好无损。我的金币也丢了，因为我的口袋上有个大大的洞。不过我想这种情况以后一定不会再发生了。"对于小儿子的回答，国王感到非常满意。的确，得到一个终身受益的教训，比暂时的愁眉苦脸要好得多。

乐观的人与悲观的人看待事情的角度是截然不同的。悲观的人看到的是自己的损失和一时的失败，却没有发现自己能够从正在经历的事情中得到宝贵的财富——经验。毫无疑问，上述事例中，国王一定会选择小儿子继承王位，因为犯错并不可怕，最重要的是在吸取经验和教训后，再也不犯同样的错误。

作为女人，原本就有很多琐事需要操心烦恼。在这种情况下，我们一定要培养自己积极乐观的心态，这样才能更好地面对现实和未来，才能把握自己的人生和命运，成为不折不扣的幸福缔造者。

悲伤情绪，宜疏不宜堵

人生之中，既有幸福快乐，也有苦难悲伤。面对生活的几多愁苦，很多女人都会在消极心态的影响下变得情绪低落消沉，甚至烦躁不安，郁郁寡欢。通常情况下，我们只看到女人的情绪波澜起伏，却很少意识到其实女人需要更多

的宣泄，这样才能及时排解忧伤的情绪，变得更加豁达通透。很多人误以为女人是因为自身多愁善感所以才总是不快乐，其实女人更需要美好的感情，以驱散心中的阴霾，博得更多的幸福快乐。

现实生活中，很多女人的生活都平淡如水，工作也很稳定，但是她们并没有为这样的日子感到幸福，反而觉得生活太无聊了，也没有希望可以寄托。实际上，她们并非不幸福，只是因为心态不好，长期处于消极沮丧的状态中，所以总是无法摆脱忧愁苦闷。有的时候，她们还会沉浸在悲伤的过往中，内心烦躁不安，无法恢复情绪上的平静和理智。可以说，每个女人的心底深处，都是会有忧愁苦闷光临的。尤其是当女人在生活中遭遇不如意，在人生中深陷麻烦之中时，女人更容易失去对人生的希望和信心，以致如同身中剧毒，再也无法获得从容洒脱和豁达的生活。这样一来，女人如何还能邂逅幸福呢？由此可见，女人要想获得幸福，就要学会排遣自己的悲伤情绪，让自己的情绪找到宣泄的通道，从而变得更加快乐。

一个心态消极的女人，总是抱怨不止，对于人生的一切付出，她们都心不甘情不愿，也很难得到好运的青睐。随着悲伤的日渐深沉，她们的心中还会充满恐惧，变得胆怯畏缩、消极怠慢、沮丧绝望，最终使得人生也阴云笼罩，无法云开雾散见月明。

如果把人生比喻成一场漫长的航行，那么消极心态对于人生而言就像是看不见的冰山，也像是无数隐藏在海底的暗礁。它们总是在人们不注意的时候突然对人造成威胁，使人根本没有心思欣赏旅途中的美景。当负面情绪不断积压和累积，有时甚至会影响人的选择，使人变得自卑胆小，最终失去对人生的把握。

艾米大学毕业后，进入一家公司工作。因为缺乏经验，也因为没有职场生存的技巧，很快她就因为表现很差被公司开除了。对此，艾米郁郁寡欢，她想不明白，为何自己如此努力，却总是表现得不尽如人意。

经过一段时间的痛定思痛，艾米决定调整心态，改变自己。她鼓起勇气再次找工作，而且告诉朋友们："朋友们，我决定要鼓起勇气面对人生啦！我不能一味地沉沦下去，靠着你们接济过日子，我要更加奋发图强。我决定先去参加一个培训班，学会电脑的技能，这样我找工作的时候就不会因为不擅长电脑而被嫌弃了。"艾米说干就干，果然拿出辛苦积攒的一点儿钱，报名参加了一个电脑培训班。经过一个多月的学习，她的电脑水平突飞猛进，在找工作的时候，当被问及擅长什么时，她明显底气十足。很快，艾米就找到了一份合适的工作，并且把工作做得风生水起。

从艾米的经历中，我们不难看出，艾米的确已经改变了心态，疏导和宣泄出负面情绪后，她端正心态，开始从容豁达地面对人生。的确，人生有很多未知性，而且很多事情都会突如其来地发生。当我们感到措手不及的时候再想办法处理问题，就已经来不及了。所谓未雨绸缪，就是告诫我们要及时调整心态，端正态度，这样才能把握好各种机会，开启幸福的生活。

为了避免消极心态影响自身，女性朋友们可以采取各种措施，有效避免消极心态的产生，帮助自己端正心态，积极面对一切。诸如，女性朋友可以经常在生活中保持微笑，也可以多多想想那些快乐的事情，从而把消极心态扼杀在萌芽状态。此外，还可以经常提醒自己不要情绪冲动，也可以把这项艰巨的任务委托给信得过的人，从而在自己情绪消极、感情冲动的时候，适当提醒自己。如果不好意思麻烦别人，也可以在自己每天很容易看到的地方贴上一些心情小贴士，提醒自己要保持愉悦的心情，保持笑口常开，更加积极主动地面对人生。

合理宣泄情绪，让心情好起来

大禹治水之所以能够成功，就是因为大禹懂得治水宜疏不宜堵的道理，从而采取疏通的方法，让水最终能够流淌出去。心情也如同河流，如果在某个地方闭塞起来，那么随着水流的不断堆积，最终一定会如同地震之后的堰塞湖一样，随时有决堤的可能。明智的人不会任由负面情绪在自己的心里堆积，而是会采取合适的方式，宣泄自身的情绪，从而让自己的心情好起来。唯有心情之道路畅通无阻，我们才能在任何时候都保持愉悦的好心情。现代社会，人的生存压力很大，尤其是职场人士，更是压力山大。几年前的富士康连续跳楼事件，在社会上引起了巨大的反响。后来，为了帮助员工疏导情绪，富士康专门聘请了心理治疗师，还给员工们准备了经过击打之后会发光的发泄工具。这样一来，员工就能够在心情压抑的时候对着发泄工具发泄自己的情绪，从而让自己的心情变好。

通常情况下，女性朋友敏感细腻，因而更加容易陷入悲伤郁闷的情绪之中。尤其是现代社会的女性，不但要在职场上与男性一样打拼，而且要兼顾家庭，相夫教子。从这个意义上而言，女性朋友的压力更大。因而女性朋友一定要学会合理宣泄情绪，这样才能让自己的心情好起来，最终更加坚强果敢地面对人生。

当然，宣泄情绪的方式有很多种，我们唯有更加用心，才能找到最适合自己的方式发泄自己积压的情绪。需要注意的是，很多时候，对他人适用的方式对我们未必适用，每个人都有自身的现实情况，唯有根据自身情况出发，才能起到最好的作用。

阿雅结婚之后，和公婆住在一起，而丈夫又是个软耳朵，常常因为丈夫总

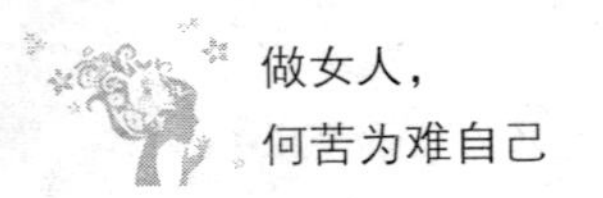

是听从公婆的话，使得她在生活中倍感焦虑。

有一段时间，阿雅工作上也比较忙碌，因而心情更加紧张。她不知道如何面对自己，也不知道如何维系家庭关系，因而产生了逃避的想法。她决定请年假，谁也不说，一个人去远方去旅行。阿雅去了遥远的西藏，来到了布达拉宫，带着朝圣者般的心情，也净化了自己的内心。十几天的旅行结束之后，回到现实生活中的阿雅就像是变了一个人一样。她变得神采奕奕，眼神清灵，对于家庭和工作也有了更加深刻的理解。也因为阿雅的这次不告而别，公婆决定和阿雅全家分开住，让阿雅和丈夫带着孩子，三口人去过属于自己的小日子。工作上，在阿雅不在职期间，也产生了好的转机。似乎一夜之间，阿雅面对的一些难题都迎刃而解了。

每个人都需要找到合适的方式来宣泄自身的情绪，毕竟人生苦短，而且不如意十之八九，一个人要想拥有幸福美好的人生，必须学会排遣自己内心深处的忧愁，从而让心灵有更多的空间容纳幸福快乐和美好。

实际上，快乐从来不是从天而降的。我们唯有敞开心扉，积极地面对人生，从容地迎接苦难的磨砺，才能最大限度经营好自己的人生，从而迎接快乐的到来。任何时候，女性朋友们都要记住，不要放弃笑的权利。唯有每时每刻都面带笑容，我们才能让笑容从心底里绽放，让我们的人生常与快乐相伴。

女人哭吧哭吧，不是罪

“男人哭吧哭吧哭吧不是罪，尝尝阔别已久眼泪的滋味，就算下雨也是一种美，不如好好把握这个机会，痛哭一回……”刘德华的一首《男人哭吧不是罪》，

红遍了大江南北，也唱出了无数男人的心声。的确，在传统观念中，大多数人都觉得男儿有泪不轻弹，因而似乎不管男人遭遇多大的挫折和磨难，都应该默默忍受，而不能随意地哭泣。相比之下，似乎女人更有理由哭泣，但是随着女性社会地位的不断提高，女性不但在职场上与男人平分秋色，还要兼顾照顾家庭的重任，因而女性朋友们也总是没有机会哭泣。忙碌的生活，甚至使女性朋友们连哭泣的时间都没有了。在这种情况下，女人到底能不能哭呢？

女人当然可以哭。我们可以把刘德华的那首歌改一改，变成“女人哭吧哭吧不是罪……”人生苦短，尤其现代社会压力倍增，不但成人要在社会上打拼，就连孩子也要为了不输在起跑线上而加倍努力。在这样的社会现状下，几乎除了不更事的孩子以外，每个人都失去了哭泣的权利。但是，也正是因为生活如此沉重，所以我们才更要学会哭泣。心理学家经过研究发现，哭泣是很好的感情宣泄，能够帮助人们排出身体内的毒素。因此，对于女性朋友而言，能够适当地哭泣，痛痛快快地哭一场，比什么宣泄方式都好。

有很多女性朋友总是害怕哭泣会招惹人家笑话和嘲笑，其实，谁人不会哭泣呢？谁人又没有伤心事呢？作为女人，我们宁愿哭泣，也不要把所有的负面情绪都积压在心里，使自己郁郁寡欢，甚至因为情绪堆积而感到心烦气躁，或者影响身体健康。与其害怕被人笑话，不如从现在开始就调整心态，从容面对想哭的时刻，从容走好自己的人生之路。

大学毕业后，张敏就和大学同学赵伟结婚了。他们大学期间就开始谈恋爱，可谓感情基础深厚。但是这对金童玉女结婚后没几年，赵伟就移情别恋，提出了离婚。对此，为了家庭辞掉工作、专心在家相夫教子的张敏，如同感到天塌了一般，觉得自己根本没法活了。她欲哭无泪，尤其是看到昔日的很多女同学在毕业后的几年黄金时间里事业有成、春风得意，她更是懊悔不已。

张敏连续几天不吃不喝，她想自杀，想到年幼的孩子也许会被继母虐待，又舍不得。看到张敏的样子，妈妈心疼不已，因此找来张敏的闺蜜娜娜，让娜娜想办法帮助张敏哭出来。妈妈很清楚，张敏的情绪需要一个宣泄口，如果总是这样压在心里，肯定会憋出毛病来的。娜娜二话不说，带着张敏来了个一醉方休。张敏借着酒劲，痛哭失声，歇斯底里，甚至撕心裂肺地喊叫。幸好娜娜提前包了一个包间，因而不管张敏怎么喊叫，都不会影响到其他人。经过这一番发泄之后，张敏昏昏沉沉地睡着了，次日醒来，她虽然因为宿醉未醒头疼欲裂，心中却觉得敞亮多了。和赵伟离婚之后，张敏决定重新开始自己的人生，还给年幼的儿子一个积极向上的好妈妈。

每个人在人生之中都会遇到各种各样的伤心事，尤其是当灾祸来得毫无征兆时，人们往往会因为缺乏心理准备，感到无比受伤。然而，我们要想防范这一点，最重要的不是避免外界的变化，而是修炼自己的内心，让自己变得更加坚强勇敢。毕竟人生不如意十之八九，任何时候，我们唯有坦然面对人生，才能赢得人生的更多好机会。

女人，你的名字不叫弱者，但是你依然可以在想哭的时候敞开心扉尽情地哭。当然，男人也有哭泣的权利。所以女人完全没有理由压抑自己，而应该尽情释放自己的心灵，唯有如此，女人才能最大限度圆满自己的人生。女人哭吧哭吧，不是罪！

第 10 章
不必自怜，坚强女人能经得起任何考验

不管是从生理的角度而言，还是从心理的角度而言，女人都面临很多困境。不可否认，女人从生理上来说是比男人弱很多的，从心理上来说也比男人更加脆弱敏感。如果生活中再出现一些意外，女人很容易手足无措，以致身心俱疲。实际上，女人无须自怜自艾，因为女人远比自己想象中更坚强，她们可以经得起任何考验，也能够成功迈过人生中的艰难坎坷。

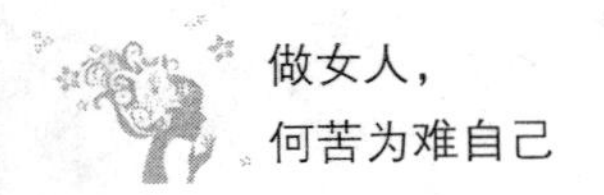

女人，远远比你想象中更加坚强

在《我的前半生》中，职场超人吴大娘对罗子君说了一句话，大意就是告诉罗子君其实她远比自己想象中更加坚强。很多人尤其是很多女人都像罗子君一般，总觉得自己能力不足，实力不够，实际上却是把自己“看扁”了。如果一个人变得勇往直前，不再企图逃避，那么他就能够成功突破自己，从而使自己更加坚强勇敢，很多表现甚至会远远超乎自己的想象。

人生，从来不是一条笔直的大路，更不可能一条道走到黑。人生更像是山路，蜿蜒曲折，哪怕兜兜转转，百转千回，也能够抵达最初心之向往的地方。生活中总是充满了各种不如意，也会遭遇很多的意外，有的时候命运就像在故意和我们作对，使我们不管做什么事情都无法顺利。在这种情况下，我们与其被动地等待未来，不如主动出击，在人生之中赢得更多的先机。尤其是现代社会的女性，已经不再是只能出得厅堂、入得厨房的家庭妇女，而是能够和男人在职场上平分秋色的女强人，因此更要相信自己是人生的强者。尤其是在遭遇坎坷逆境的时候，女人更要表现得丝毫不逊色于男人，甚至还要比男人更坚强勇敢、无所畏惧。曾经有名人说，女人对待挫折的态度，往往能够影响和决定女人一生的命运，这句话其实是很有道理的。

桑兰因为一次赛前训练遭遇意外，导致高位截瘫，她原本是如同精灵一般、

有着美好前途的跳马王，却不得不在人生花季被宣判从此禁锢在轮椅上，这是多么深痛的打击啊！

1998 年 7 月 21 日晚上，桑兰在为美国纽约友好运动会进行赛前训练时，意外跌落，头部着地，从此之后她再也无法站起来，甚至连生活自理都很难实现。对于一个花季少女而言，这样的打击简直是致命的，桑兰也曾绝望过，但是她依然积极地配合治疗，并在美国接受 10 个月治疗后回到祖国的怀抱，开始进行康复训练。曾经身轻如燕的她，如今连挪动自己的身体都变得不可能。曾经以为国争光为人生理想的她，现在不得不以实现自理为自己的人生目标。但是，自从受伤后第一次出现在公众的视线中起，桑兰始终面带微笑。最终，这个坚强的女孩让整个世界都为她点赞，都为她竖起大拇指。后来，桑兰不但成为申奥大使，更是凭着自己的努力找回了自己的人生。如今的她不但力所能及地做好一些事情，还拥有了自己幸福的三口之家。

对于任何人而言，高位截瘫都是难以接受的残酷现实，更何况，桑兰在高位截瘫之前，还是跳马王，还有希望为国家赢得金牌呢！她的人生随着一场意外的到来，就像是夜空中的星星突然陨落。可以说，不管在身体上还是在心理上，桑兰都承受了难以面对的沉重打击。然而她没有放弃，而是努力地生活着，希望自己能够更加勇敢、更加坚强。

大文豪巴尔扎克曾经说过，世界上的每一件事情都有两面性，都不是绝对的。任何事情的结果都会因人而异，对于积极乐观、勇敢坚强的人而言，他们可以踩着挫折作为垫脚石勇敢向上；但是对于软弱怯懦的人而言，挫折就像是一个无底的深渊，会让他们一落千丈。的确，很多时候事情的结果如何，其实并不完全取决于事情本身，而是取决于我们面对挫折的心态。女性朋友们，要想成为女强人，要想真正主宰自己的人生，要想获得梦寐以求的幸福和快乐，我们就要避免投机取巧的心理，从而更加坚定地走好人生之路，哪怕遭遇风雨泥泞，也依然一往无前。

心怀希望，人生就没有绝境

很多人都曾经遭遇过人生的绝境，却不知道所谓的绝境实际上只存在于我们的心中。古人云，山重水复疑无路，柳暗花明又一村，实际上就告诉我们人生之中根本没有真正的绝境，人生的道路也如同现实生活中的每一条道路一样，看似无路可走，只要我们努力突破，总归还是能够找到出路的。这样想来，面对似是而非的绝境，只要我们心怀希望，永不放弃，就能打破绝境，从而成功摆脱绝境的束缚，突破自我，获得新生。

有些女人，总是容易悲观绝望，一旦遭遇小小的困境，就会放弃希望。这恰恰是真正的绝境，会禁锢女人的一生，使得女人根本无法成功摆脱困境，甚至被自己绝望的内心困住。女性朋友们必须记住，要想打破绝境，就必须心怀希望。现代社会，女性和男性拥有平等的地位，难免会在生活中很多不经意的时刻遭受意外的沉重打击，也因此变得一蹶不振，跌入绝境。殊不知，女人恰恰要在绝境之中勇敢地站起来，端正态度，突破自我，这样才能成功地摆脱困境，驱散心底的绝望和无助。真正勇敢强大的女人，哪怕遭遇困境，也能够心怀希望，努力向上。相反，那些面对困境马上就陷入绝望之中的女人，她们不知道所谓的绝境只存在于她们的心里，也不知道人生的困境只会使她们变得更加消沉沮丧，所以就此沉沦下去，人生的轨迹也因此而改变。

第二次世界大战之后，德国的土地上遍布废墟，满目疮痍，看起来简直如同世界末日到来一般。为了考察德国的情况，美国社会学家博普诺作为领队，带着一个小队的人员去德国考察。在看到德国狼狈的境况，以及走访了几户德国的普通家庭后，博普诺询问队员："你们觉得，德国还能复兴吗？"一名队员不假思索地说："估计很难。"不想，博普诺却斩钉截铁地说："我的看法恰恰与你相反，我觉得这个民族肯定能够很快恢复元气，也能够在最短的时间

内振兴起来！”队员们全都疑惑不解地看着博普诺，博普诺说：“换作其他国家或者民族，也许会一蹶不振，士气大跌。但是你们是否留意到刚才我们走过的那几户人家，每户人家的桌子上都摆放着一瓶鲜花。当然，那鲜花并不高档，也不昂贵，甚至只是他们从野地里随意采摘来的。但是这恰恰意味着他们哪怕生活在废墟之上也从未忘记过内心深处的希望，这就说明他们一定能够重整旗鼓，在废墟上建立新的家园！”

的确，很多国破家败的人，往往感到沮丧绝望，甚至再也无法鼓起信心和勇气勇敢地面对生活。然而，越是在绝望的处境中，我们越是要对生活心怀希望，这样才能鼓起勇气继续努力，在现实或者精神的废墟之上摆上绚烂绽放的鲜花，让我们信心的旗帜迎风飘扬。试想，假如一个人自己都放弃了希望，那么他又如何能够创造奇迹呢？

为了证明自信心对一个人的重要影响力，德国精神学专家林德曼曾经进行过一次实验。因为实验极具危险性，所以林德曼本人就是实验的对象。那段时间，德国全国人民都在关注独木舟横渡大西洋的壮举，更是先后有 100 多名勇士在大西洋上失去了宝贵的生命。林德曼认为，这些勇士并非是因为肉体上无法继续支撑下去才葬身大西洋，而是因为精神崩溃，被深深的绝望和恐惧打倒的。为此，他不顾所有人的反对，独自一人于 1900 年 7 月驾驶独木舟横渡大西洋。看上去他是想要征服大西洋，实际上他只想挑战自我，进行史无前例的心理学实验。当然，一旦实验失败，他将会和那些勇士一样失去宝贵的生命。在航行过程中，他的确遇到了超出想象的困难，甚至在重重打击和磨难下数次濒临死亡，出现幻觉。他真的感到非常绝望，身体也到达极限，但是每当绝望的念头一点点吞噬他的时候，他马上就会告诫自己：“你这个胆小鬼，难道你想和其他人一样命丧于此吗？你一定能够成功，你必须成功！”就这样，他一直引导自己的思想和意志拒绝绝望，满怀希望，最终真的成功横渡大西洋。林德曼的实验告诉我们，比起肉体上的苦痛，精神上的绝望更容易击败一个人。

在每个人的人生中，挫折都是在所难免的，人生也会因为各种突如其来的意外陷入困窘之中，无法自拔。但是不管什么时候，我们都要心怀希望，因为只有我们心中有希望，我们的人生才会真的充满希望。一旦我们意志崩溃，我们的精神大厦就会马上坍塌。

哪怕是不幸，也是命运的馈赠

毋庸置疑，每个人都希望自己的人生一帆风顺，绝无任何坎坷和磨难。然而，每个人都是被上帝咬过一口的苹果，很多时候，尚且不说命运对我们是否公平，我们也许会因为一出生就被上帝咬过一大口，而显得有些与众不同。这种天生的噩运，总是使人感到绝望，因为这是根本不可能改变和逆转的。其实，我们何不想想上帝为何偏偏要狠狠对我们咬上一大口呢？究其原因，就是因为上帝独爱我们的芬芳。很多时候，我们必须记住，哪怕是不幸，也是命运的馈赠。

人生有很多不幸，正如上文所说的，有些不幸是天生的，所以无法改变。与天生的不幸相对，有的不幸是后天形成的，是因为各种意外导致的，虽然同样已是既成事实，但是只要我们努力，还是可以有所改观的。

“不幸”二字，让人以听起来就心生悲苦。的确，在人生的道路上，许多人都曾经遭遇很多不幸。我们也曾经亲身经历或者听说过他人的不幸。然而，不幸发生在别人身上就是个无关痛痒的故事，一旦落到自己头上，就会变成一个切实的灾难，一个让人无法承受的事故。虽然每个人都可以听故事，而不愿意接受事故的发生，但是谁也无法确定不幸什么时候会降临，更不知道不幸是否会落

到自己的头上。在这种情况下，难道我们就对不幸束手无策了吗？当然不是。我们不但要勇敢迎接不幸的到来，还要心怀热望，渴盼生活雨过天晴，出现七彩的虹。

现实生活中，女人对于生活总是有着瑰丽多彩的梦。对于很多女人而言，这辈子最大的憧憬就是成为公主。然而，哪怕是公主，也难免会遭遇生活的大风大浪。当不幸降临的时候，女人们不应该抱怨生活的不幸，更不要慨叹命运对待自己不公，要知道，你之所以在逆境中沉沦，或者彻底被逆境打倒，只是因为你不够坚强。坚强的女人尽管天生柔软，却意志如钢，她们比男人更加坚韧，所以能够在逆境中凤凰涅槃，以更加顽强不屈的姿态勇敢地面对生活。

还有很多女人抱怨命运的反复无常，她们怨恨命运为何不能一如往昔，给予她们更多的美好未来，却不知道任何事物都符合存在即合理的真理，任何事情的发生也有其必然的原因。我们面对事物的存在和事情的发生，只有不抱怨、不逃避，才能勇敢无畏地负担起自己该负的责任，从而真正摆脱困境，也让我们的人生取得新的突破和质的飞跃。

生活总是五彩斑斓的，这并不意味着生活之中只有绚烂的色彩，而没有暗淡的色彩。对于每一个用心且努力生活的女人而言，不管是鲜亮的颜色，还是暗淡的颜色，都是生活理所应当的颜色，所以她们会坦然接受生活的每一种颜色，而不会对生活中暗淡的颜色感到沮丧绝望。不幸就是生活中暗淡的色彩。当不幸降临的时候，即便我们非常悲伤，也无法成功改变什么。我们唯有更加积极努力地接纳这种色彩的存在，用尽全力去装饰这种色彩，才能改变我们生活的基调。由此看来，唯有我们真挚坦然，生活才会回馈给我们最和谐的色调。

每一个女人都要拥有良好的心态，这样才能坦然接受生活的不幸。在悲观的女人眼里，不幸是难以逾越的高山，使她们望而生畏、望而却步。在积极乐观的女人眼里，不幸就像是走路时不小心进入鞋子里的一小粒沙子，虽然会硌得脚底生疼，但是只要她们脱掉鞋子，空一空鞋膛，那痛苦就会成为过去时，她们就能够继续大步流星，在人生的路上勇往直前，披荆斩棘地一路向前。实际上，每个人都是幸运的，因为活着就是一件值得我们感激的事情。对于积极乐观的女人而言，不幸使她们能够放缓脚步，等待幸运的来临。总而言之，生活从来不是一蹴而就的事情，我们唯有怀着耐心和希望，等待生活出现转机，才能更好地迎接人生中的诸多机会，彻底改变自己的命运。

跌倒了，爬起来

很多人都曾经看过孩子蹒跚学步，也曾经看过孩子一次次地跌倒又爬起来。很多人都会安慰孩子："等到长大一些，你学会走路，就再也不会跌倒了。"果真如此吗？孩子长大成人、学会走路之后，就不会再跌倒了吗？其实不然。孩子小时候走路跌倒，也许只是磕破一点点皮肉；但是等到长大成人之后，成人的跌倒往往不再局限于摔破皮肉，也有可能是在人生的路上栽跟头，跌得鼻青脸肿，甚至无法爬起来。然而，只要一息尚存，人生的路就还在我们脚下蔓延，哪怕我们觉得疲惫不堪，也要坚强地爬起来。人生之路如同逆水行舟，如果我们总是一味地趴在原地，那么，不进则退，我们很快就会被他人超越，甚至失去人生的主动权。

跌倒了怎么办？如果孩子跌倒了，你总是扶着孩子起来，那么，渐渐地，即便孩子还小，也会知道自己是有依靠的，因而再次跌倒之后他们会留在原地，等着你再去扶起他们。明智的父母在孩子跌倒时，一定会告诉孩子要依靠自己的力量爬起来。这样，等到再次跌倒时，孩子们最先做的不是趴在那里哭泣，而是勇敢地站起来，拍拍身上的泥土，擦擦眼角忍不住泛出的泪滴，继续一往无前。没有哪个孩子不跌倒就学会走路，也没有那个成人不曾跌倒就能变得越来越勇敢、成熟、有担当。

人生一切的成长，都要在不断犯错或者受伤的过程中进行，女人也是如此。

很多女人都自艾自怜，总觉得自己是女人，就应该得到命运独特的青睐，也要得到成功的偏袒。殊不知，成功并不会因为你是女人就特别偏爱或者青睐你；相反，命运之神有的时候还会让女人承担更多，让女人知道只有吃得苦中苦才能成为人上人。偏偏很多女人都害怕在人生路上跌倒，她们总觉得人生短暂，根本不可能给她们机会重来，因而她们总是奢望人生能够步步到位，很多事情也能够一帆风顺，绝不需要重新来过。实际上，困难就像弹簧，你强它就弱，你弱它就强。当有朝一日女性朋友面对人生的重重困境，依然能够坚定不移地勇往直前时，那么女人就能驱散困难带给自己人生的阴霾，从而更加积极乐观地面对人生。

一个周末，莉莉和几个朋友一起去郊外游玩。他们相约要征服那座野山，也征服自己。就这样，他们带着简单的装备，开始兴致勃勃地攀爬野山。因为不是专业的户外驴友，所以他们爬山很慢，又因为没有留下回程的时间，所以他们直到黄昏还在山里转悠。一行人马上就慌了神，大家经过商议之后得出结论：如果原路返回，也许至少需要 4 个多小时，有可能山里野兽出没，会有危险；如果走近路，那么两个小时就可以走出大山，但是中途需要横渡一条河沟。思来想去，他们决定走近路，因为这样才能赶在天彻底黑之前走出大山。

在接下来的一个小时里，莉莉和朋友们不遗余力地全速前进，一个多小时后，他们来到了河沟。这条河沟并非山里常见的清浅小溪，而是水流湍急，足足有几米深。虽然河沟不宽，但是想要很快过去还是很有难度的。莉莉一行人不免犹豫起来，谁也无法鼓起勇气果断地跳过去。眼看着天色越来越晚，莉莉终于狠下心来，说：“大家就跳吧，其实也没多宽，咱们可以跑一段距离助跳。不然天色越来越晚，一旦野兽出没，那就太危险了。”看到大家依然犹豫不决，莉莉一咬牙，率先退后几步然后全速奔跑助跳，居然真的跳了过去。在莉莉的鼓舞下，大家全都模仿莉莉的样子，也接二连三地跳了过去。征服河沟之后，大家明显变得轻松起来，因为他们现在正在下山的路上，只要再有半个多小时，他们就可以成功到达山下了。莉莉感慨地说："虽然那条河沟的确很危险，但是幸好我们每个人都足够勇敢。其实人的潜能是无穷的，只要我们坚持不懈，超越内心对自己的禁锢，我们就一定能够战胜很多东西，从而成功地赢得挑战。"大家全都赞同莉莉的说法，一行人高兴极了，非常有成就感。

在这个世界上，只要我们心存必胜的信念，就没有什么苦难能够困住我们，使得我们无计可施。面对困境，最关键的在于我们一定要果断作出选择，唯有如此，我们才能驱散心中的绝望和无助感，从而鼓起信心和勇气，勇敢面对人生的困境，并自信地超越自我，突破人生的困境。

在现实生活中，作为女人，我们当然可以很平凡，但是我们绝不能平庸。尽管我们每天都过着庸庸碌碌的生活，在家庭和工作之间疲于奔命，求得平衡，但是我们依然要心怀梦想。我们必须记住，平凡不等于平庸，平凡的我们也能变得出类拔萃、与众不同，最终成就卓越。

尤其是当身处困境的时候，我们不能因为自己是女人就允许自己趴在原地哭泣。正因为我们在某些方面显得比较弱，所以我们更要勇敢地站起来，抢占先机，获得最终的胜利。跌倒了，爬起来，这不但是教育孩子的原则和方法，更是我们应该在一生之中不停告诫自己的话。

站得高看得远，女人也要有大视野

现实生活中，有很多女人都以弱者自居，都觉得既然自己是女人，那么嫁一个好丈夫就应该成为人生之中至高无上的理想。其实不然。现代社会，女人

已经不再像在封建社会时那样只相夫教子，而两耳不闻窗外事。也许有的女人会说，我们愿意当全职太太，过着安逸稳定的生活。实际上，当全职太太就一定安逸稳定吗？整个世界都处于发展变化之中，如果我们始终不变，那么当外界在变，当我们身边的人在变，我们就会渐渐地落后于人。从这个角度而言，在现代社会，其实没有人能够真正做到完全不变。

当然，我们这里并非劝说所有的女人都不要当全职太太，毕竟每个家庭都有自身的特殊情况，而作为家庭的主人，女人理应和男人一起撑起家庭。所以，不管是在外面打拼也好，还是在家里照顾老老小小也好，只是家庭分工不同，对于家庭的贡献是一样的。但即便是当全职太太，女人也需要有自己的眼界，而不要每天都只盯着厨房，更不要把所有的心思都用于研究每天的吃吃喝喝上。不可否认，衣食住行与吃喝拉撒，是必然的生理需求，但是，任何时候我们都不能忘记看这个世界。

有人说，女人的一生如同一幅画卷，甚至比《清明上河图》更长。这幅画卷似乎没有尽头，让女人不得不用尽一生去丈量。更多的时候，女人也如同是人生的绘画师，在自己人生的画布上不停地描绘和涂色。人生的基调，实际上就是女人的心情，而女人的心情又取决于女人的眼界，取决于女人能否真正对生活有深刻的洞察，对人生有丰富的体验和开阔的眼界。

现实生活中，我们经常听到很多人用水比喻女人，实际上，水看似柔软无形、无色无味，却非常顽强。正因为无形，所以水能变化成任何形状，正因为无味，所以水能接受一切味道。水非常单纯灵动，也能够改变成为各种形态，还能够适应各种容器。因此，把女人比喻成水，不但意味着女人的温柔，也恰恰代表着女人的顽强坚毅。

科学家告诉我们，水在人的身体里占有很大的比重。人的本性如同水一样，也恰恰意味着人的本性应该如同水一样富有张力。所谓张力，意思就是说水的分子内部存在一定的力量；人的张力，则在于人心所向，人心的坚韧不拔和顽强不屈。眼界开阔的女人不但对于人生有着深刻的体验，内心深处也极富张力。有张力的女人哪怕遭遇人生诸多的不幸，也依然能够勇敢面对。她们从来不把艰苦的环境视为对人生的禁锢，而是能够浴火重生，凤凰涅槃，从而让自己在艰难的处境中不断成长起来，拥有更加坚强的内心。

很久以前，有位智者生活在深山里的寺庙中。有个女人因为生活艰难，感到万念俱灰，因而爬上深山，找到智者询问人生的真谛，希望得到智者的开解。智者面对愁眉不展的女人，拿出一粒带壳的花生给女人说：“好吧，现在使劲，把这粒花生捏碎。”女人只用了很小的力气，就把花生捏碎了，饱满的花生仁马上出现在女人眼前。然而，智者微笑着，让女人再次捏碎花生仁，女人按照智者所说的去做了，但是她只是捏掉了花生的红衣，白白嫩嫩的花生仁却完好无损。女人无论如何努力，都无法捏碎白白的花生仁。这时候，智者苦口婆心地告诉她：“不管生活多么艰难，哪怕让你蜕掉好几层皮，你也要保有一颗坚强的心。只要你的心始终坚强，不被生活碾碎，你就能够始终心怀希望啊！”

的确，正如智者所说，生活有的时候确实很残酷，甚至会让我们蜕掉好几层皮，陷入绝望之中，对生活再也不怀有任何希望。然而，生活并不会真的让我们走投无路。在遭遇绝境的时候，只要我们心怀希望，有一颗坚强勇敢的心，不离不弃地守候生活，那么我们就会发现，原来一切都有可能出现转机。

人们常说，站得高，才能看得远，这句话非常有道理。不管什么时候，我们都要开阔自己的眼界，这样才能让自己看得更多，也看得更远。在生活的重压之下，很多女人都已经习惯了勇敢无畏，但是她们之中有些人缺乏主动改变的习惯。她们被禁锢于现状，生怕改变之后一切都会变得面目全非。殊不知，生命在于运动，生命也在于改变。女人唯有不断地提升和完善自我，站得更高、看得更远，才能真正改变自己、掌控人生。

第 11 章

善待爱情，不为难自己，做敢爱会爱的女人

爱情是造物主给予人类最美好的礼物，几乎每一个饮食男女都无限渴望和憧憬着爱情。然而，爱情也是要讲究缘分的，在对的时间遇到对的人，当然能够成全一份完满的爱情；但是，如果在对的时间遇到错的人或者在错的时间遇到对的人，则会导致爱情充满遗憾。退一步而言，就算是在对的时间遇到对的人，所谓相爱容易相处难，很多男人和女人也会在爱情褪去神秘的面纱之后，遭受爱情的重重磨难，甚至不得不经受婚姻的考验。毋庸置疑，爱情对于每个人来说都是弥足珍贵的，明智且聪慧的女人一定不会为难自己，而是会以和善宽容的心包容爱情和婚姻，同时也敢爱敢恨，不辜负美好的人生。

聪明的女人知道给男人留出独处空间

记得有一本书上说，男人来自金星，女人来自火星，当然，这并非真的说男人和女人都是来自外星球的物种，而只是告诉我们，男人和女人从生理到心理都是截然不同的。通常情况下，女人对于爱情和另一半的依赖程度较高，她们不愿意独立自主，而只想更好地依靠男人生活。正是因为她们发自内心地想要依靠男人，所以她们也常常喜欢对男人亦步亦趋，恨不得 24 小时都与自己的爱人黏在一起。实际上，男人对于爱情的期望并非如此，很多男人之所以恐婚，逃避婚姻，就是因为他们更加渴望自由，而不希望被女人和婚姻束缚住。聪明的女性朋友往往能够克制自己，让自己对男人不那么亦步亦趋，给男人留出独处的空间，让男人更加自由地在人生之中翱翔。

生活中有一个非常奇怪的现象，细心的人也许会发现，即很多女人往往可以一边看电视一边织毛衣，还能时不时地和身边的人谈笑风生，可谓是一心三用。但是男人则不同，男人在当时当刻只能做好自己手头上的事情，稍一分心，就会导致事情无法成功，甚至全盘失败。这就是男人与女人很大的不同，如果以线来作为比喻，那么男人的心思就是一根直线，根本没有办法将其一分为二，就更别说一分为三了。但是女人的心思则是一根分叉的线，女人可以把自己的

时间与精力分配到不同的叉上，从而帮助自己在同一时间干好几件事情。这的确很神奇，不是吗？

除此之外，从各种影视剧中我们可以发现，很多男人在遇到难题的时候并不喜欢像女人一样想方设法地求助，甚至对于自己亲密无间的爱人或者家人，他们也选择什么都不说。他们宁愿一个人默默承受，也要独自解决问题，因为求助对于他们而言仿佛是示弱的代名词，会使他们觉得很不好意思。所以，当发现男人有问题还没有解决的时候，如果不是男人主动求助，女性朋友最好佯装不知情，这样男人才可以更加从容淡然地面对你，也有更多的时间想办法解决问题。

为何男人需要独处的空间呢？除了男人自尊心强、爱面子之外，从心理学的角度而言，男人也是有情绪周期的。和女人每个月的那几天总是烦躁不安一样，男人一旦进入情绪周期，也会对琐碎的生活感到厌烦，甚至恨不得自己从未结过婚，还能享受自由自在、无拘无束的单身生活。每当这时，女性朋友们需要注意，千万不要打着爱和关心的旗号，总是对男人干涉过多。就像一个人心烦的时候恨不得把自己藏起来一样，进入情绪周期的男人也恨不得把自己藏起来，从而坦然面对自己的内心，从容舔舐自己的伤口。

哪怕婚姻意味着一对由陌生到彼此了解的男女从此走向亲密无间，婚姻中的女人也依然要给男人留下独处的时间和空间，让男人在婚姻生活中得以喘息，并能够调整自身的状态，从而更好地投身于生活之中。

每一个成功男人的背后，都有一个好女人

现代社会，生活节奏越来越快，工作压力越来越大，生存与发展也变得更加艰难。这一点，生活在大城市的年轻人尤其感悟深刻。特别是那些结婚成家的年轻人，如果没有老人在身边帮忙搭把手、带孩子，那么如果夫妻俩都忙于工作，孩子就会成为野孩子，根本无人管。所以，对于大多数没有老人帮忙的年轻家庭而言，通常情况下男人和女人之间是要有一方作出牺牲的。尽管时代发展至今，女人社会地位不断上升，已经与男人平分秋色，但是在谈起为家庭牺牲时，一则是因为女人更方便照顾孩子，二则是因为女人能够照顾好家庭，三则也因为大多数男人和女人还是觉得家庭生活应该以男主外、女主内的方式为主，所以在一山不容二虎的情况下，女人便顺理成章地退居二线，或者为了家庭成为全职太太，或者换掉繁忙的工作、找一份清闲的工作，一边带孩子一边挣点儿零花钱。由此可见，这个社会对于女人的要求实在很高，而一个女人要想家庭与事业兼顾，必然难上加难。

这个世界上并不缺少陈世美，他们在渡过事业发展的瓶颈期之后，被那些青春靓丽的女孩所吸引，完全忘记了他们的妻子曾经多么努力地为他们付出，最终抛弃妻子。当然，男人并不是负心汉的代名词，也有很多男人在成功之后始终不忘糟糠之妻，夫妻二人白头偕老。诸如世界首富盖茨，他的妻子就是与他一起奋斗的人，后来，即便他成为世界首富，也没有抛弃妻子，始终对妻子不离不弃，对妻子倾注了所有的感情和爱。人之所以区别于动物，就在于人是有感情的，并不仅仅屈从于生物性的冲动。所以，女性朋友们，哪怕我们看惯了很多背叛的事例，也不要因噎废食，而要继续勇敢地相信爱情、相信爱人。做一个成功男人背后的女人，未必全是更多的辛苦，也会得到一份更加深藏于

心的感情。

随着电视剧《我的前半生》的热播，男演员靳东迅速走红。最近这几年，靳东的确非常火，出演过几部电视剧，也为更多的观众所熟知。在看到这个神一样的男人时，我们一边惊叹于他的完美，一边又为他现实中的妻子是谁感到好奇。的确，哪个女人那么三生有幸，居然得到如此优秀的人的垂青和爱慕呢！很多女粉都带着好奇的心态，百度了靳东的妻子。不得不说，大多数女人在看到靳东妻子李佳的照片时，都会或多或少地觉得有些失望。的确，李佳绝不是一个美女，甚至还有些小小的不完美。最让女粉们难以忍受的是，李佳和靳东居然是二婚。在感慨靳东不以貌取人的同时，我们也不得不感慨李佳眼光独到，居然捞到了靳东这只潜力股。如今的靳东虽然大红大紫，但是他非常低调内敛，而且对妻子非常宠爱。网上铺天盖地而来的讯息，都在说靳东如何把李佳宠爱成一个公主，这也让女粉们全都羡慕不已，心想李佳一定是三生三世才修来这样的好福气！虽然李佳也是演艺圈里的人，但是如今她俨然已经成为成功男人背后的女人。她非常用心地经营家庭，给予靳东最有力的支撑。不得不说，李佳和靳东的确算得上才子佳人，毕竟鞋子是否合脚只有脚知道，婚姻是否幸福也只有当事人才最有发言权。

靳东毕竟只是演员，而且，作为各种粉，我们根本不可能真正了解他和李佳的婚姻生活。作为平凡的女人，我们距离这类公众人物有着遥不可及的距离，我们真正切实要做的，是成就自己的男人，让自己的男人也获得成功，而且对我们不离不弃，心怀感激。不得不说，这样的女人才是真正成功的女人，才能真正获得他人的羡慕和钦佩。

志同道合，婚姻才能长久稳定

每一个人在走入婚姻的刹那，都在祈祷爱情地久天长，也在希望婚姻能够幸福长久。然而，很多时候天不遂人愿，虽然我们在爱情之中始终怀着一颗忠贞不渝的心，但是世界每时每刻都处于发展和变化之中，包括我们身边的人和事也是瞬息万变的。在这种情况下，我们如何才能做到成功给婚姻保鲜呢？曾经有心理学家经过研究证实，爱情的保鲜期非常短暂，有人说是三两年，有人说也就一年半载，可见，要想和那个一起步入婚姻殿堂的人携手共度一生，无疑对于每个人都是严酷的考验！有人说要把爱情转化为友情，有人说要把爱情转化为亲情，也有人说要把爱人每天拴在裤腰带上，以避免被他人诱惑，我们只想说，不管哪一种办法，都是留得住人而留不住心。真正完满的爱情，就是我们不但能够拥有爱人的貌合，也能拥有爱人的神合。唯有如此，我们才能避免婚姻中的貌合神离、同床异梦，从而真正做到与爱人携手并肩、不离不弃。

在一切婚姻中，爱情的稳定性都是非常现实且无法回避的问题。可以说，除了婚后的蜜月期之外，维持爱情的稳定存在是永恒的问题。要想一劳永逸地彻底解决问题，我们唯一的出路就是把爱人变成志同道合的盟友，这样，爱情中的双方才会为了共同的利益和目标坚持不懈地努力，心往一处靠拢，劲往一处使。

没有人天生是婚姻的行家里手，尤其是对于女人而言，她们在经营婚姻的过程中，不止一次感到迷惘和困惑，有些女人甚至还会歇斯底里。但是，她们最终在爱情中成长，对于爱情的患得患失之心也渐渐平静下来，她们意识到爱情并非婚姻的全部，因而改变姿态，不再捆绑自己所爱的人，而是给予对方更多的时间和空间，把彼此的关系从紧张之中解放出来，使彼此都能做到轻松以

对，坦然应对。有人说婚姻是爱情的坟墓，这句话虽然极端，却告诉我们爱情与婚姻完全是两码事这一道理。

爱情可以是两个人的事情，哪怕两个人彼此之间爱得昏天黑地，也没有人能够左右。但是婚姻则不然。婚姻是两家人的事情。如果两个年轻人决定步入婚姻，不但意味着他们从此之后要在同一个屋檐下生活，也意味着他们在此后的日子里要带领双方的家庭不断磨合，最终才能如愿以偿地变得亲近，和谐融洽地相处。

毋庸置疑，婚姻是琐碎的，一对原本陌生的男人和女人从相识相知，到相爱相恋，再到携手走进婚姻的殿堂，并非是简单磨合就可以的。可以说，在婚姻生活中，夫妻之间要面对的难题不仅是生活习惯上的不同，还包括观点与思想的碰撞和融合。假如夫妻之间生活习惯不同，也许还可以采取各种方式折中或者退让；但是如果夫妻之间的各种观念都各不相同，那么他们彼此之间又该如何呢？很多夫妻因为三观不同；最终分道扬镳。这不能算是悲剧，毕竟婚姻也是一种合作的方式，如果彼此不能默契相处，选择离开也是不错的。尤其是现代社会婚恋观念开放，结婚和离婚都享有自由，也并非是不可告人的事情。当然，虽然婚恋自由了，但是婚姻依然是关系到我们毕生幸福的大事情，我们对待婚姻的态度依然要谨慎。

要想维持爱情稳定，婚姻长久，我们就要把对方变得与我们志同道合。在起初相处的时候，如果发现对方与我们针锋相对，各种观念都无法融合，那么我们就应该果断放弃，因为这意味着对方并不适合我们，也无法在婚姻生活中与我们一拍即合。相反，如果恋爱期间就心有灵犀，不管什么事情都能想到一起去，那么我们当然可以与对方更好地相处，也自然应该给对方和自己一个机会，让彼此都拥有更加美好完满的爱情。总而言之，鞋子是否合适只有脚知道，婚姻是否合适只有当事人自己才知道。女性朋友们，在恋爱之中不要再一味地

儿女情长，更不要被恋爱的甜蜜冲昏头脑。婚姻是世界上最长久的合作，好的婚姻会走过金婚、钻石婚，地久天长。而不合适的婚姻甚至只有几个小时的寿命，不得不说婚姻与婚姻真的是相差很大。你想要拥有怎样的婚姻呢？想清楚，告诉自己，你会发现当你有目标地奔向婚姻时，婚姻也会更加如你所愿。

女人不该是攀缘的凌霄花

现代社会，物质的女孩很多，拜金女更是层出不穷。正是因为生存艰难，所以有相当一部分女人都想抓住自己人生中第二次影响命运的机会，改变自己的人生。曾经有人说，人的一生有两次投胎，第一次是投娘胎，第二次则是选择婚姻。虽然现在看来这样的说法未免有些夸张，但是我们至少可以从中看出婚姻对于人一生的重要影响。也正是因为知道婚姻的重要性，所以很多女孩在艰难的生存之路上选择了捷径，她们也许第一次投胎没有投好，因而她们决定第二次投胎一定要抓住机会，让自己一下子步入豪门。

殊不知，一入豪门深似海，别说是普通的女孩了，就算是那些光鲜靓丽的女明星，在嫁入豪门之后，也未必生活得如同人们揣测的那么好。还有些女明星，为了嫁入豪门，在没有得到豪门认可的情况下就接二连三地为富二代生孩子，最终却依然摆脱不了被抛弃的命运，可谓悲惨。就算是进入豪门当了阔太太，生活也变得寡淡无味，在豪掷千金买够那些奢侈品之后，阔太太们开始痛定思痛，不由得抱怨丈夫总是工作忙碌，没有时间陪伴自己，或者抱怨公婆始终瞧不起自己，觉得自己就像一个乞丐一样在豪门讨生活。这到底是为什么呢？要知道，每一个女人在嫁入豪门时，都是自诩拥有爱情的啊，难道豪门的爱情

这么容易褪色，甚至会在一夜之间变得面目全非吗？其实，并非豪门薄情寡义，而是因为女人失去了自己独立的人生。

其实，不仅是豪门，就算是普通的婚姻生活中，也有很多女人犯同样的错误——过度依赖。当然，爱你的人会喜欢你的依赖；然而，一旦爱情渐渐褪色，激情不再，那么你的一切撒娇发嗲，都会让男人不堪其扰。现实生活中，很多女人都进退两难，她们与自己所爱的人相处亲密，恨不得与对方变成同一个人，对方却总是不堪其扰，希望她们能够独立一些。这样一来，她们未免觉得怅然若失，甚至怀疑对方不爱自己了，对于这样的患得患失，想必再坚定不移的爱人也终究会觉得厌烦。很多人都知道刺猬法则，大意就是说，刺猬们在寒冷的天气里相互依偎着取暖，一旦距离太近，它们就会被彼此的刺扎伤，为此它们不得不马上分开，彼此躲得远远的；然而天气实在太冷了，等到它们忍受不了寒冷时，又会想往一起靠近，但是此时它们再次被对方扎伤。几经尝试之后，聪明的刺猬找到了彼此依偎取暖的最佳距离，那就是既能感受到彼此的体温，又不至于被对方扎伤的距离。事实证明，这样的关系最长久，而且绝不会使彼此间受到伤害，相互厌倦。

诗人舒婷的《致橡树》，相信很多朋友都看过：我如果爱你——绝不像攀援的凌霄花，借你的高枝炫耀自己；我如果爱你——绝不学痴情的鸟儿，为绿荫重复单调的歌曲；也不止像泉源，常年送来清凉的慰藉；也不止像险峰，增加你的高度，衬托你的威仪。甚至日光，甚至春雨。不，这些都还不够！我必须是你近旁的一株木棉，作为树的形象和你站在一起。根，紧握在地下；叶，相触在云里。每一阵风过，我们都互相致意……我们分担寒潮、风雷、霹雳；我们共享雾霭、流岚、虹霓。仿佛永远分离，却又终身相依。这才是伟大的爱情，坚贞就在这里……年轻的女孩读起舒婷的这首诗，也许并不会有深刻的感悟，甚至还会觉得这是一个爱撒娇的女人正在矫情呢！然而，在经历过婚姻之后，我们便很容易知道，爱的确需要这样的高度，爱一个人，的确要拒绝做攀援的凌霄花，以树的形象与对方比肩而立，这样才能成就爱情的平等、尊重。

现代社会，很多女性都主张自立。然而一旦涉及婚姻生活，她们难免还是觉得女人就是要倚靠男人。这种现象之所以如此普遍，一方面是因为父母对于女儿照顾过多，另一方面是因为女人在社会生活中相对弱势，所以理所当然地把婚姻的另一半就当成了自己的靠山。有些女强人虽然在职场上表现强势，在生活中却小鸟依人，甚至不管什么事情都要依赖丈夫。当然，小鸟依人是好的，这样能够让男人感觉到自己被需要，但是过于依赖丈夫则不是好的选择，毕竟丈夫也有繁重的工作需要处理，谁都不是无所不能的神。很多事情如果能够自己解决，明智的女性朋友会选择自己解决，从而给予丈夫更加轻松的婚姻生活，也使得丈夫能够从容享受婚姻生活。

曾经，很多女孩都喜欢看琼瑶阿姨的言情小说以及电视剧，主要是因为她们渴望着也能得到如同剧中男主角一般的男性全心全意的爱与呵护。琼瑶阿姨总是把男主角塑造得无所不能，对女人的爱更是无微不至，因而这些男主角变成了如同神一样的存在。现实情况是什么呢？现实情况是男人也不是无所不能的，男人除了坚强之外，也有脆弱的一面。男人也会有不堪生活重负，希望有人能为他们分担的时刻。在电视剧《我的前半生》中，为何陈俊生会背弃美丽漂亮的罗子君，转而喜欢长得并不那么漂亮，而且不再年轻，还带着一个儿子的凌玲呢？就是因为在巨大的工作压力下，作为全职太太的罗子君只会给陈俊生找麻烦，监视陈俊生，而很少考虑到陈俊生在工作上付出了多少，承担着怎样的压力。偏偏这时看似善解人意的凌玲出现了，在陈俊生身体不适时送上一盒胃药，让陈俊生感受到久违的温暖。在陈俊生压力山大的时刻，她帮助陈俊生更好地完成工作，切实地为陈俊生减轻负担。这一点，如果不是剧中的男一号贺涵带着罗子君走进陈俊生的工作环境，罗子君无论如何也想象不到原来陈

俊生工作得那么辛苦。而渐渐走向自立的罗子君，最终不但赢得了男神贺涵的爱，也得到了陈俊生的爱与尊重。

女性朋友们，婚姻永远都不可能成为我们的庇护所。所以，在婚姻生活中，我们必须更加坚强自立，拒绝成为攀缘的凌霄花，这样我们才能与男人比肩而立，在男人需要的时候，给予他们强有力的支撑，也给予他们更多爱与尊重我们的理由。很多女性朋友都在家庭生活中争取自己的更高地位和权利，殊不知，没有人能够赋予我们更高的地位和权利，只有自尊自爱、自强自立，我们才能成为婚姻生活中真正的女主人。

女人宽容，爱才有更多呼吸的自由

在参加各种娱乐活动的时候，有一个游戏是特别有意思的。即让两个人并肩站在一起，而把其中一个人的右脚和另一个人的左脚从脚腕上面的位置捆绑在一起。这样一来，这两个人不得不各自用剩下的左脚和右脚，一起配合这只合二为一的共同的脚，走好一段特定的距离，从而顺利到达终点。当然，配合最默契、速度最快的二人组合，将会取得胜利。这个小游戏显然是为了培养人们彼此配合和协作的意识。两个人，每人都有属于自己的一只脚，两人之间还有彼此共同拥有的一只脚，假如不能做到目标一致，行动一致，那么很有可能会摔倒。仔细想想，这是否就像婚姻呢？在婚姻生活中，男人和女人都是独立的个体，但是因为组建了家庭，所以，他们在某些时刻和某些方面，不得不放弃自己的个性，而服从于整个家庭的共性。更多的时候，他们在家庭和自我之间争取平衡，一则要努力保全自己的个性，二则还要以家庭利益为重。如何协

调好婚姻生活中个体与家庭的关系，如何让个体的利益与家庭利益保持一致，如何让每个个体之间和谐共处，这是经营婚姻时必须考虑到的。

毋庸置疑，婚姻不仅代表着每个个体都要融入共同的生活中，收敛个性、发扬共性，也意味着个体从生活习惯到精神世界的高度和谐统一。在这种情况下，生活的琐碎很容易使男人和女人之间产生矛盾，尤其是有了孩子之后，针对孩子的教育问题，男人和女人也容易一个往东、一个往西，使得家庭生活从内部南辕北辙。既然家庭里的每个成员都是家庭的一分子，都要服从于家庭利益，那么注定家庭成员之间必须更加懂得爱与宽容，这样才能理解和体谅他人，给予爱人和家人更多自由呼吸的空间。如果家庭里每个成员之间都针锋相对，那么家庭生活就会变成一种折磨，使得家人相见如同仇人般水火不容。毋庸置疑，没有人期望这样的家庭生活。

尽管爱情最初是充满诗情画意的，也让女人带着无限的憧憬走入公主和王子的童话生活，但是随着爱情渐渐褪色，婚姻最终会脚踏实地。曾经的浪漫，会在岁月的磨砺下沉淀成柴米油盐酱醋茶；而甜蜜的过往，也会让女人对于残酷的现实生出几分不满。实际上，婚姻恰如人生，也像是一场长途旅行。假如没有宽容和谅解，就很难一路上相安无事地走下去。

婚姻是需要经营的，没有任何婚姻天生就美好。正常的婚姻如同人生一般酸甜苦辣咸，五味俱全。有人说夫妻之间应该相敬如宾，举案齐眉，殊不知，婚姻失去吵闹，就会如同一潭死水，渐渐使人生厌。同时，如果夫妻总是吵吵闹闹，那么再深沉美好的爱情也会在婚姻中死去，使得婚姻也被逼入死角，再无回旋的余地。总而言之，婚姻的度是需要我们根据自身的情况去酌情把握的，任何成功的婚姻经验都经不起被套用。就像这个世界上绝没有完全相同的两个人一样，这个世界上也绝没有两段完全相同的婚姻。所以，婚姻没有捷径，哪怕幸福的婚姻大多相似，我们也要求同存异，找到最适合自己婚姻的相处之道。

而不幸的婚姻各有各的不幸，我们更应该找出婚姻不幸的根源，这样才能有的放矢，有效改善婚姻的状态。

在婚姻生活中，很多女人都容易犯小心眼的毛病，殊不知，幸福的婚姻最大的相似之处就在于，它们都有一个宽容的女主人。所谓金无足赤、人无完人，曾经让我们神魂颠倒陷入热恋的那个人，一旦步入婚姻，就多多少少会有一些改变。每当这时，女人不如扪心自问：我能始终保持在热恋状态吗？如果回答是否定的，那么我们应该知道，男人也同样不能。尤其是在费尽千辛万苦好不容易把心爱的女人追到手之后，疲惫紧张的他们最想做的事情就是好好放松一下，从而让自己更加从容地享受婚姻生活。因此，女人们，面对这样一个熟悉且又陌生的男人时，我们更要怀着一颗宽容之心。尤其是在对男人感到失望的时候，我们更要提醒自己好女人才是男人的好学校，如果我们足够好，男人早晚是会改变的。这样一来，我们当然能够做到更包容、更有担当，也能够理解男人的辛苦。

其实，夫妻之间的人际关系也和普通的人际关系一样遵循一定的规律和原则。遗憾的是，在和所爱的人在婚姻之中相处时，很多女人都变得更加苛刻。殊不知，爱需要的是包容和理解，以及信任，而不是质疑和苛责。婚姻同样像一面镜子，当我们笑着对待婚姻，婚姻也会以笑脸回馈我们；当我们苦恼着面对婚姻，婚姻又如何能够宽容友善地对待我们呢？心态决定命运这句话，用在婚姻之中的夫妻相处之道上，同样合适。女性朋友们，从现在开始不要再抱怨婚姻不够完美了。我们唯有宽容忍让，婚姻才会回报给我们“相濡以沫”“白头偕老”的圆满人生。

爱得再深，女人也要保留自己

水如果过于清澈，鱼就无法生存，婚姻也是如此。这个世界上绝没有十全十美的婚姻，如果说人的成长是在不断犯错的过程中实现的，那么婚姻的成长则体现在一次又一次的磨合之中。很多女人都觉得，既然成为夫妻，男人和女人之间就应该好得如同一个人一样，彼此坦诚相见，毫无保留。殊不知，婚姻永远不会如同我们所期望的那样顺遂如意，哪怕是夫妻，也应该彼此保留自己的私人空间，这样才能拥有能够产生美的距离，才能够让我们在为对方无私付出的同时，依然留有自己。

在婚姻生活中，很多女人都会犯同一个错误，那就是毫无保留地付出，恨不得献出自己的一切。殊不知，人际关系是非常复杂的，人的心理更是微妙而又难以捉摸。很多时候，人们对于轻易得来的东西总是不珍惜。而夫妻关系，同样是人际关系的一种，如果女人对于婚姻和男人的付出毫无保留，那么就无法得到男人的珍惜和重视，更无法得到男人更深切的爱。明智的女人，即使深爱一个男人，也会在爱的过程中有所保留，这样才能以自尊自重赢得男人的爱和尊重。

还有些女人不管有什么事情都会毫无保留地告诉男人，实际上这种做法很不负责任。尤其是在遭遇坎坷逆境时，如果女人一股脑儿地把自己的所有压力都转嫁到男人身上，那么男人未免会觉得压力山大，甚至会感到不堪重负。也许有些女性朋友会说：夫妻之间不就是要坦诚相见吗？彼此刻意隐瞒，有什么意思呢？的确，夫妻之间需要坦诚相见，真诚对待彼此，但是这并不意味着要毫无保留。很多时候，我们与他人分享快乐，一份快乐会变成双份快乐。但是如果我们与他人分担痛苦，那么一份痛苦就会变成双份痛苦。当然，这也并非

说夫妻之间遇到困境时要彼此隐瞒，而是说在没有必要的情况下或者在自己能够解决问题的情况下，我们与其把痛苦和担忧都转嫁给男人，不如默默承受。

还有些女人本着坦诚的原则，把自己的过往全盘告诉丈夫。殊不知，爱情就像是人的眼睛，很多时候是容不得沙子的。谁能没有过去呢？如非必要，女人完全无须把自己的过往一股脑儿地和盘托出。毕竟，男人不是神仙，哪怕他们的胸襟再开阔，有些事情也会在他们的心底留下无法愈合的伤口。人们常说善意的谎言，实际上，把不该说的话烂在肚子里，这不是善意的谎言，而是善意的隐瞒，目的是让夫妻关系更好地、更健康地发展。

实际上，婚姻关系中，健康的夫妻关系应该是如同两个相互交叉的圆圈，既有交叉的共有部分，也有各自独立的部分。这样一来，夫妻才能在婚姻中找到共同点，才能各自有所保留，从而对对方形成吸引力，并给予自己自由呼吸的空间。任何时候，都不要把婚姻变成两个完全重叠的圆，因为夫妻两人完全一模一样，还有什么新鲜感可言呢！这也会缩短婚姻的保鲜期，导致夫妻双方更快地彼此厌倦。

女人在婚姻中保留自我，不但要保留自己的独特个性和经济能力，还要有属于自己的好朋友。毕竟婚姻和爱情不可能是我们生活的全部，很多时候我们需要从婚姻的围城里走出来，接触围城外面的广阔天地。有自己的朋友圈，有自己的兴趣爱好，让我们即便身在婚姻的围城中，也依然能够享受到自由自在的乐趣。

第12章
深谙社交，先不要求别人，只管做好自己

现代社会，人脉资源已经成为最重要的资源之一，尤其是对于职场人士而言，要想在职场上打一场漂亮的仗，仅靠着自己的努力根本不可能，还要发展各种人际关系，才能为自己觅得强大的助力。也许有些女性朋友会说，我们是全职太太，根本不需要进入职场。其实，哪怕是全职太太，也离不开与人打交道。举个最简单的例子，哪怕是去商场里购物，也需要与营业员打交道，更别说在婚姻生活中，女人更要学会和爱人、孩子以及亲戚朋友打交道！总而言之，现代社会没有人能够完全独立地生存于世，所以我们必须深谙社交之道理，这样才能让自己处处受人欢迎。

开放的心态，让女人的人生更精彩

很多人都觉得自己的人生被禁锢了，其实，禁锢我们的并非是客观外界，而是我们的心。正如一位名人所说，每个人最大的敌人就是自己。假如我们突破和超越自己，我们的人生就会迈入更加广阔的天地，变得更加自由和无拘无束。那么，在我们的心中，到底是什么东西在禁锢着我们呢？我们的思想、观点，为人处世的原则和风格，以及我们对待陌生人或者是朋友的态度，都会让我们在不知不觉间故步自封。尤其是女人，有些女人是全职太太，因而生活中接触的圈子更小，常常会在无形中闭塞自己的内心。其实，在所有的人际沟通中，开放的心态，是良好沟通的基础，也是打开沟通渠道的必备条件。

细心的朋友会发现，现实生活中，那些处处受欢迎的女人，往往是拥有开放心态的女人。虽然这样的女人看起来大大咧咧的，但是她们很真诚，而且当她们敞开怀抱容纳他人时，他人也一定会感受到她们的心意，从而对她们更加真诚友善。这就是人与人之间的相互作用力。所以，朋友们，不要再抱怨他人不愿意靠近我们、与我们交往，而要首先反省我们自身是否已经成功打开心扉，迎接他人的到来。

拥有开放心态的女人往往对于整个世界都非常热情，她们对于自己的人生也有着强烈的进取心。她们充满活力，不管做任何事情都能够保持强劲的动力，哪怕她们知道自身有着很多的缺点和不足，也不会自暴自弃，而是会努力提升和完善自我。在人际关系中，她们人缘很好，因为她们总是能够积极主动地结识陌生人，在和朋友的交往中也乐于付出，喜欢交流，所以很容易在人际交往中与对方保持良好的互动。和她们相比，那些故步自封、自以为是的人，根本无法适应社会的需要，甚至无法在这个社会上成功地生存下来。所以，作为女人，我们千万不要因为所谓的安全问题或者出于自我保护的需要，就对自己万分紧张，甚至禁锢自己的发展。要知道，如今整个世界已经成为一个地球村，融合与交流早已成为全世界的流行趋势，我们又如何能够置身事外呢！

大学毕业后，俊雅进入一家心仪的公司工作，她原本想认真勤奋，好好表现自己，却没想到自己进入公司之后就被排挤，直到一个月后也没有成功融入集体生活中。虽然交朋友属于私事，但是这样的封闭却使得俊雅无法和同事们更好地交流合作，因而严重影响到她的工作。俊雅为此觉得很苦恼，因而特意咨询了公司心理诊室的陈医生。

在给俊雅做完心理测试后，陈医生对俊雅说："其实，你的能力很强，愿景也是好的，你唯一的不足在于你对于人际关系非常紧张，不愿意敞开心扉面对其他人。"俊雅委屈地说："我的确性格内向，但是为何他人不能接纳我呢？其实一旦熟悉之后，大家会发现我并不像看起来那么内向，我实际上也很愿意结识新朋友。"陈医生笑了，说："所有新人初入职场，尤其是进入一家新公司，都需要经过一个适应过程。尤其是和同事之间的关系，老同事当然是不会过于在乎新人的，也就很少会主动和新人沟通，或者拉近关系。作为新人，其实你有很多借口可以接近老人啊，诸如请教一些疑难问题，或者主动和老人交流，畅谈在工作中的感受。但是总的原则是，新人要敞开心扉，这样才能得到老人的接纳。”

陈医生的一番话打开了俊雅的心结，一直以来她还等着老人来关心她呢，却没想到职场中人人都很忙碌，谁也没有时间主动与一个新人搭讪。而新人要想站稳脚跟，就必须主动出击，这样才能如愿以偿地结识更多的朋友。想到这一点，内向羞涩的俊雅意识到自己再也不能自我封闭了，于是她“厚着脸皮”主动出击，果然很快与一个和善的老员工打得火热，也以此为突破口征服了更多老员工的心。两个月之后，俊雅成为公司里最受欢迎的人之一，她在工作上也取得了突飞猛进的发展。

人与人之间相处实际上是为了达成沟通，基于这个目的，我们要想与他人之间建立友善的关系，就必须首先敞开心扉，向他人展示我们的真诚友好。当我们传递出的友好讯息被他人所接受时，他人自然也会投桃报李，友善地回应我们。在此基础上，一来一往的交往就成功建立，我们与他人之间的关系也将得到有效改善。

需要注意的是，很多女性朋友总是习惯于隐藏自己，用各种伪装之后的面目示人。实际上，这一则会使他人误解我们，二则也会阻碍我们与他人之间关系的发展。真正的社交达人从来不会刻意伪装自己，而是会以自己的真实面貌示人，这样的人际关系才会更加长久，也更容易建立良性发展的秩序。

学会设身处地为他人着想

人是感情动物，这也使人很容易陷入主观的误区，以主观的观点和态度揣

度他人。实际上，一个人哪怕非常努力，也无法做到绝对的客观公正。那些标榜客观公正的人，也只是从自身的角度出发，尽量设身处地地为他人着想，从而深入了解和理解他人，赢得他人的认可和赏识。既然这是人性的弱点，我们也无须过于强求客观与公正。在与人相处的过程中，如果我们能够将心比心，设身处地为他人着想，我们就不会有失偏颇，或者过于犯主观主义的错误。

不仅是女人，包括男人在内，每个人只有学会与他人交往，才能在这个社会上更好地立足和生存。很多人都觉得与他人相处其乐融融是根本不可能实现的，实际上，只要做到换位思考，站在对方的角度上考虑问题，这一点就很有可能实现。每个人都有自己的脾气秉性，也有自己的人生观点和处事原则，在作各种决定时，他们难免都从自身的角度出发，从而最大限度地让自己得到理想的结果。作为旁观者，我们不是当事人，总是因为无法理解当事人的初衷而对当事人颇有微词；更有一些人会完全陷入主观主义的错误，因而毫不留情地指责当事人。所谓当局者迷，旁观者清，我们之所以言之凿凿、理由充分、思维清晰，正是因为我们置身事外。而一旦事到临头，还有几个人能像旁观者一样保持清醒和理智呢？为了避免我们对他人的评价有失偏颇，不够公正，我们唯有假设自己是当事人，才能尽量做到客观公正，才能尽量理解当事人的一切苦衷和烦恼。

正如一位名人所说的，这个世界上绝没有两片完全相同的树叶，实际上，这个世界上也绝没有两个完全相同的人，尤其是没有两个完全相同的女人。如果说男人是神经大条、思维简单的，那么女人则因为心思细腻敏感，彼此之间会有更多细微的不同，相互的观点也很难真正融合起来。例如，同样面对落花，林黛玉就要哭着葬花，薛宝钗则一定不会如此。其实，认真想一想就不难理解林黛玉的处境，林黛玉完全是寄人篱下，薛宝钗虽然没有父亲，但是还有母亲和哥哥，好歹没有落到在别人家里求生活的悲惨处境。这样一来，也就不难理解为何林黛玉和薛宝钗面对同一件事情时会有不同反应了吧！

很多时候，女人的心态往往会影响女人生活与工作的方方面面。如果女人学会换位思考，不再以自己的小肚鸡肠面对复杂的人和事，那么女人就更能够理解他人的苦衷，从而更多地理解和体谅他人，宽容和谅解他人。日久天长，女人的人际关系必然能得到有效的改善，也不会再因为不通人情世故而被他人抱怨了。

作为小学高年级的语文老师，在经历了十几年教学生涯之后，乔丽明显感觉到现在的小学生和十几年前的小学生完全不同了。十几年前的小学生，对老师说的任何话都唯命是从，现在的小学生却更有主见，有的时候还会和老师据理力争呢！乔丽知道，再用传统的教学方法无疑无法降服这群小魔头，她也必须与时俱进，及时改变和调整自己，以更好的心态投入教学，并摸索出全新的方法应对学生的独立自主。

眼看着期末考试就要到了，乔丽争分夺秒，抓住课堂上的时间给孩子们讲解试卷。一节课的时间里，她讲了两张试卷，孩子们明显感到很累。下课铃响了之后，乔丽问同学们："同学们，咱们还剩下最后一张试卷要讲，大家觉得是今天发呢，还是等到周一再发呢？我善意提醒大家，周二就正式考试了！"同学们一听说还有一张试卷，全都不吱声了，显而易见，疲劳的他们不想再听老师讲第三张试卷。过了好一会儿，才有一个胆大的同学说："老师，还是周一发吧！"乔丽说："但是周一只有一节语文课，我原本想带着你们再过一遍重要的知识点。要是讲试卷的话，就必然要耽误讲知识点的工作。正好今天你们还要一节自习课，我已经向数学老师要过来了。大家觉得如何呢？"全班突然一片唏嘘声。乔丽有些生气地说："我的复习计划就是……"听完乔丽说完，全班同学都垂头丧气，似乎世界末日到来了一样。

思来想去，乔丽认为孩子们的确太累了，如此高强度的复习，别说是孩子们，就算是大人，也会觉得很疲劳的。而在这种状态下，复习的效果未必好，孩子们也会因为过于疲劳而影响考试的状态。为此，等到自习课的铃声响了，原本孩子们都在愁眉苦脸等着乔丽抱着试卷到来，乔丽却两手空空，说："同学们，想到你们的确很累了，这节课不如就给你们自由活动吧……"孩子们突然爆发出欢呼声，惹得其他班级的老师都过来探查，想要看看到底发生什么事情了。不过乔丽也给孩子们提了意见："我的条件是，周一唯一的那节语文课，我们还要加快速度，争取用 10 分钟讲完仅剩那张试卷的知识点，然后再给你们快速过一遍知识点。你们可一定要配合啊！"孩子们纷纷表示同意，后来，周一的课上，果然每个孩子都瞪大了眼睛，效率倍增。

人们常把"海纳百川，有容乃大""宰相肚里能撑船"之类的话挂在嘴边，殊不知，这样的话说起来容易，做起来却很难。尤其是对于大多数小心眼的女人而言，她们更习惯于从自身的角度出发考虑问题，而很少真正体察他人的辛苦。在这种情况下，女性朋友们尤其要注意主动地设身处地为他人着想，这样才能真正做到更理解和宽容他人。

"如果我是他，我会怎么做？"每当遇到难解的问题时，女性朋友不如想想这句话，从而更加积极主动地换位思考，理解他人的苦衷，理解他人做事情的出发点和考虑。这样一来，我们的人际关系必然变得更好；也只有这样，我们才会成为处处受人欢迎的社交达人。

自尊的女人，才能得到他人的尊重

几乎每一个女人都希望得到他人的尊重，殊不知，尊重并非凭空降临到女人头上的，而是女人主动争取到的。一个女人要想得到他人的尊重，首先要学会尊重自己。很多女人总是因为自卑而妄自菲薄，甚至对于自己的人生毫无信心。在这种情况下，女人如何能够得到他人的尊重呢?

自尊,就是女人自己尊重自己,哪怕被别人看不起,自己也对自己充满敬意。自尊的女人在人际交往中不会自轻自贱，也不会自觉低人三分。因为尊重自己，她们也会尊重自己的选择，能够意识到自己的长处和优点，从而怀着信心，通过自身坚持不懈的努力，不断提升自我和完善自我。在人际交往中，自尊的女人不卑不亢，既不会瞧不起他人，也不会瞧不起自己，因为她们对待自己的态度也折射到人际关系上，所以她们会尊重他人，并且成功赢得他人的尊重。

曾经有位名人说，自尊是人类灵魂的杠杆。的确，有很多人在面对人生的厄运、遭遇人生的困境时始终对生活充满希望，就是因为他们把握住了人生的杠杆，因而能够收获幸福快乐。

在《简·爱》中，简从小失去双亲，寄居在舅舅家里。舅妈视简为眼中钉、肉中刺，表哥也非常顽劣，经常欺负简。但是小小年纪的简有着强烈的自尊，她既没有因为寄人篱下而表现得低三下四，也没有因为心理失衡变得自暴自弃。她始终不卑不亢，从容面对生活，热切渴望生活。

直到无缘无故遭受表哥的恶意殴打，简最终奋起反抗。虽然她孤苦无依，但是她的心灵并不软弱怯懦。她有着强烈的自尊，知道哪怕自己身份卑微也是不容侵犯的。她的表现最终使得舅妈和表哥都震惊不已。她不愿意继续在这个冷酷无情的家中生活，因而顺从舅妈的安排，去了学校读书学习。让她万万没

有想到的是，舅妈并没有因为她的离开而放过她，反而在校长面前诬陷她撒谎成性。然而，简总是这样不卑不亢，从未放弃过自己做人的原则和底线。最终她不但完成了学业，还得到留校任教的机会，收获了真诚深厚的友情，最终还赢得了平等的、有尊严的爱情。

从简的身上，我们知道了什么叫作自尊自爱。在漫长的人生道路上，我们也许会失去很多、得到很多，但是自尊应该是与生俱来、始终陪伴我们身边的优秀品质，也是我们一生之中最宝贵的财富。

在社交生活中，拥有自尊的女人才拥有财富和资本，才能在哪怕身材矮小、长相不够漂亮的情况下，为自己赢得他人的尊重。简最大的魅力就是自尊，这充分说明自尊并非建立在任何物质条件的基础上。只要我们怀着自尊，在社交生活中与他人平等相处，既不卑躬屈膝，也不盛气凌人，那么我们就能和简一样，凭着不卑不亢得到他人的尊重、信任、理解和爱护。

需要注意的是，自尊也应该适度。过度的自尊，往往会让女人们自视甚高，变得自傲，最终无情地伤害他人的自尊，这样一来自然也就会失去他人的友情。我们要学会设身处地为他人着想，在维护自尊的前提下，考虑到他人的尊严，从而更好地与他人交往。自尊应该是有弹性的，而不是一成不变的。当交际的需要大于自尊时，我们可以适当降低自尊，从而给交际让路。但这并不意味着我们可以失去自尊，这里所说的适当降低自尊，是在合理的范围内，绝不是以牺牲尊严为代价的。有的时候，很多女性朋友为了维护所谓的自尊，不惜与他人反目成仇，甚至因为他人一句无关紧要的话就与他人针锋相对，乃至对他人展开攻击，这就有些小题大做了。当听到他人不那么悦耳的话时，如果不涉及人身攻击，我们不如一笑置之，这样反而能够彰显出我们的宽容大度。总而言之，自尊的方式有很多种，我们应该审时度势，根据现实情况进行适时调整。唯有如此，我们的自尊才能恰到好处，才能成为我们与众不同的魅力标签。

女人再优秀，也不能狂妄自大

马斯洛的需求层次理论告诉我们，人们在生活中有多层次的需求，由低到高，分别是生理需要、安全需要、爱与被爱的需要、被人尊重的需要以及自我实现的需要。在这些需求中，自我实现的需要显然位于金字塔顶端，也是人类最高等级的需要。除此之外，被人尊重的需要也非常重要。在社会交往中，假如我们想与他人建立良好的关系，就要懂得尊重他人。只有当我们满足了他人被尊重的需要时，他人才会善待我们、尊重我们。

经过漫长的努力，如今女性的社会地位大大提高，已经取得了与男性平等的地位。由此一来，女人不但得以走出家庭，步入社会，还成功地在职场中拥有属于自己的事业。不得不说，现代的女性的确让人刮目相看。然而，自信心的极度膨胀，使得很多女性在获得成就的同时，也渐渐变得狂妄自大。她们自觉不但要和男人一样在职场上打拼，还要同时照顾家庭，因而觉得自己简直无可替代，于是对于他人更加颐指气使。殊不知，即使再优秀的女人，也应该安守本分，千万不能因为自己的出色就变得狂妄自大，否则她们一定会吃到骄傲的苦果。

古人云，己所不欲，勿施于人。按照这个道理来说，如果女人不希望自己被人瞧不起，就不要轻易瞧不起别人。每个人眼中的别人，实际上都是自己在他人眼中的投影。我们如何对待他人，他人就会如何对待我们，所以，当发现被他人鄙视或者瞧不起时，我们与其指责他人，不如更好地面对自己。唯有如此，我们才能最大限度地更好地对待自己，同时处理好与他人之间的关系，成就自己与他人。

作为医药公司的销售代表，晓菲的主要任务就是为公司推销药品，拓展业

务。有一次，晓菲和往常一样带着公司最新的药品样品，去某知名医院拜访一位医生。此时，晓菲凭借工作上的出色表现，已经成为公司的金牌销售，因而很多小医院她都交给手下的人去联系了。这家医院知名度很高，而且晓菲要拜访的医生也很有名气，为此晓菲亲自出马，争取马到成功。虽然出发前晓菲已经查过医院的门诊表，知道这位医生下午不出诊，但她还是扑了个空。医生的助理告诉晓菲，医生去其他医院会诊了，不知道什么时候才能回来。晓菲丝毫没有着急，而是对助理彬彬有礼。她还特意去楼下的星巴克给助理打包了冰咖啡，在炎热的夏日给助理送来丝丝清凉。当然，晓菲也没有忘记给护士台的分诊护士带咖啡。就这样，整个下午，晓菲和医生助理以及护士相谈甚欢，助理和护士都很喜欢晓菲，说晓菲丝毫没有金牌销售的架子！

当天下午，晓菲没有等来医生。不过才过了两天，助理就偷偷给晓菲打电话通风报信，告诉晓菲医生整个下午都会留在住院部的办公室。晓菲当然不会错过这个机会，当即带着新药品样品再次去医院。刘备三顾茅庐才遇到诸葛亮，而晓菲则因为对待助理彬彬有礼，所以才第二次就得偿所愿见到了医生。在晓菲的一番努力之下，再加上助理旁敲侧击帮忙，晓菲很快就得到医生同意，可以把药品留在医院进行销售。

不得不说，晓菲这个金牌销售真的不是浪得虚名。很多女人一旦有了小小的成就就会自视甚高，甚至不把任何人看在眼里，但是晓菲丝毫没有骄傲，而是依然非常谦虚真诚，降低姿态与助理以及护士打交道。正因为如此，她才能给助理和护士留下好感，才能顺利见到医生，把自己的药品推销出去。

生活中，有些人都有狗眼看人低的毛病，对于那些身份地位不如自己的人，他们总是颐指气使。殊不知，我们根本不知道哪些人会是我们生命中的贵人，哪些人能够于经意或不经意间给我们更大的帮助。所以，聪明的女性朋友们，千万不要随便贬低他人、抬高自己，而是要怀着真诚的心与他人交往，对待他人彬彬有礼，这样他人才会以同样的礼节回报我们。

每个人都有自己的尊严，我们要想更好地与他人相处，就要真诚地尊重他人。因为从某种意义上来说，尊重他人就是尊重我们自己。尤其是女人，千万不要因为一时的得意就忘却尊重他人，更不要因此对他人颐指气使、高高在上。懂得礼仪的女人更容易得到他人的认可，并能够让自己处处受到他人欢迎，成为真正的社交达人。

幽默的女人，不管走到哪里都受欢迎

在西方国家，幽默作为必不可少的能力，被很多人重视。不但有些单位在招聘的时候要求员工懂得幽默，还有些年轻人在寻找人生伴侣的时候，也希望对方善于幽默、懂得幽默，能够以幽默给身边的人带来快乐。这是因为幽默是人类智慧的最高表现形式之一，幽默的能力并非与生俱来，而是需要人们经过后天的努力，不断提升自己的文化素养，增强自己的灵活应变能力，而且要能够在各种情况下急中生智，如此才能恰到好处地幽默。可以说，一个知识浅薄、反应迟钝而且恶俗的人，也许能说出不太好笑或是有些低俗的笑话，但是与幽默根本扯不上任何关系。

每个女人都是社会生活的一员，都要在人群中生活，更要与他人搞好关系。不得不说，幽默是女人处理好人际关系的杀手锏，幽默的女人总是能够随心所欲、恰到好处地化解尴尬，对抗他人的冷嘲热讽，让自己以及他人都成功脱困。而且幽默的女人还特别富有魅力，不管她们是否具备美丽的容颜和独特的气质，幽默都能为她们的表现加分，让他人对她们刮目相看。

对于女人而言，幽默到底意味着什么呢？懂得幽默的女人大多具有良好的素质，而且充满智慧。幽默的女人更容易受到他人欢迎，因为她们的幽默给他人带来欢乐，也使他人觉得轻松。和那些精神紧张而且说话僵硬的女人相比，幽默的女人如同丝丝缕缕的凉风，沁人心脾。从性格的角度而言，懂得幽默的女人大多心胸开阔，哪怕在人生之中遭遇坎坷和磨难，她们也依然能够微笑着面对，从而给自己和身边的人带来好心情，令人们对生活充满希望。懂得幽默的女人大多心态端正，能够从容应对人生，哪怕在人生路上感到局促不安，她们也依然能够最大限度地调整好自己，使得自己与人为善，不至于歇斯底里，与人针锋相对。所以，女性朋友们，要想成为社交达人，不如从现在开始就努力培养自己的幽默能力，唯有如此，我们才能更加从容果断地面对人生，也随心所愿地拥有好人缘。

明明是个幽默的姑娘，她的身边有很多朋友，全都是被她的快乐气场吸引来的。很多朋友都亲昵地称呼明明为开心果，因为每个人和明明在一起时都总是欢声笑语不断，哪怕真的有什么烦恼，也都抛之脑后了。

然而，每个人在生命中都有属于自己的烦恼，明明也不例外。但是和其他人不同的是，明明对待坎坷挫折的态度。前段时间明明离婚了，别的女人遇到这样的事情大多会一哭二闹三上吊，明明却安慰自己：“没关系，我就当是又恢复到自由自在的单身生活。幸好我们还没要孩子，不然孩子可就受苦了。”后来，前夫有一次请明明吃饭，明明因为梳洗打扮耽误了，赶到约定的餐馆时前夫已经等了足足半个小时。明明赶紧道歉，前夫却说没关系，明明马上说：“还是当朋友更好啊，哪怕迟到了也不会被骂死，想想我曾经当你老婆的日子，拖延症都被你治疗好了，根本不敢迟到哪怕是几分钟啊！”实际上，明明看似无所谓，但是离婚对她的打击还是很大的。但是幽默的她尽管也伤心地哭过几次，然而哭过之后马上就擦干眼泪，继续笑脸面对生活。朋友们甚至打趣明明：“原本担心你一离婚就会变成祥林嫂，都想躲你一段时间了，没想到你依然是我们的开心果，真好啊！”

没有人愿意整日面对祥林嫂的唠叨和抱怨。相反，人们更愿意看到幽默的女人，在遭遇挫折或者受到伤害之后，能够马上擦干眼泪，从而继续积极乐观地面对生活。人们常说，爱笑的女孩运气不会太差。我们也要说，幽默的女人运气也不会太差。当大多数女人都在怨天尤人、抱怨命运不公时，幽默的女人已然擦干脸上的泪水，破涕为笑，继续在生活的磨砺中砥砺前行了。

人生苦短，任何人都没有那么多的时间去浪费。作为女人，我们的青春更加短暂，为何不微笑着度过生命中的每一天，并凭借幽默的心境给身边的人带来更多的快乐呢！正如一位名人所说的，既然哭着也是一天，笑着也是一天，聪明的人当然会选择笑着度过生命中的每一天。

从容优雅，是女人最好的姿态

在漫长的生命旅程中，每个人都有自己的独特姿态，尤其是心思敏感细腻的女人，更是有着自己与众不同的姿态，同时她们也用这样的姿态度过人生中的每一天。然而，到底哪一种姿态对于女人而言是最好的呢？关于这个问题的答案，仁者见仁，智者见智。不过大多数明智的女人都觉得，从容优雅是适合任何女人的姿态，而且是最好的姿态。

不可否认，生命有时候常常使人觉得局促。每个人在人生的历程中都不可能一帆风顺，而经历风雨坎坷和泥泞才是人生的常态。有些苦难是可以预见的，但是人生之中更多的灾祸往往不期而至，使人们措手不及。在这种情况下，女

人如何保持从容优雅呢？很多女人都觉得只有衣食无忧的生活才能与从容优雅扯上关系，一旦生活局促，从容优雅也就不复存在。实际上，从容优雅从来不是有钱人的专利，更不是在优渥的生活环境中伪装出来的。真正的从容优雅，是发自内心的气质，是女人淡定平和的心外在的表现。

从容的女人就像是一杯格调高雅的咖啡，又像是一杯心平气和的清茶。不管喝它们的人是谁，它们从来不会改变自己，而是就这样淡然地在沸水之中绽放着。真正从容优雅的女人，越是在艰苦卓绝的环境中，越是能够积极面对，绝不悲戚和抱怨，也不暗自放弃和沉沦。如果说充满激情的女人如同绽放的牡丹，那么从容优雅的女人更像是波澜不惊的君子兰，我自绽放，而不管他人是否欣赏或喜爱。发自内心的从容优雅，使女人为自己而活，而绝不为了任何原因苟且。哪怕生活无比艰辛，她们的心中也有诗和远方，这使她们不管身处何种境遇，依然能够奔向美好的未来。

在所有的女艺人中，漂亮的女艺人不在少数，但是真正配得上“从容优雅”这四个字的，当属赵雅芝。很多亲眼见过赵雅芝的人，无一不被她的从容优雅所折服。她之所以成为不老的女神，除了各种护肤品、保养品的功劳外，主要是因为她内心一直保持淡然。正因为如此，每次赵雅芝在公开场合亮相之时，才有那么多人发自内心地喜欢和欣赏她。对于自己的养生秘诀，赵雅芝也告诉大家，要多吃清淡的食物，自己偶尔也会吃甜食，虽然冒着发胖的危险，但是能让自己心情愉悦。所谓笑一笑，十年少，还是很有道理的。然而，不管吃什么还是喝什么，对于赵雅芝而言，从容不迫的心态，才是帮助她青春永驻的秘诀。

很多女星害怕生孩子会使自己身材走样，然而，作为三个孩子的妈妈，赵雅芝从艺数十年，从来不会感到局促不安。她还是老公心目中最贤惠的妻子，她经常带着老公和孩子参加公众活动，不得不说，赵雅芝之所以能把事业与家庭平衡得这么好，这与她的从容是密不可分的。正因为生活处于均衡状态，赵雅芝才会如此快乐、满足和充实。

从容优雅的女人往往心态端正，非常成熟，哪怕在复杂的社交生活中，她们也能够以自身极高的素质和涵养作出最佳的表现。此外，她们往往是德艺双馨的，不仅具有能力和实力，而且品德高尚，宠辱不惊。正是这样的淡然，才成就了她们的璀璨夺目。

第13章

玩转职场，不苛求自己，发现快乐工作的秘诀

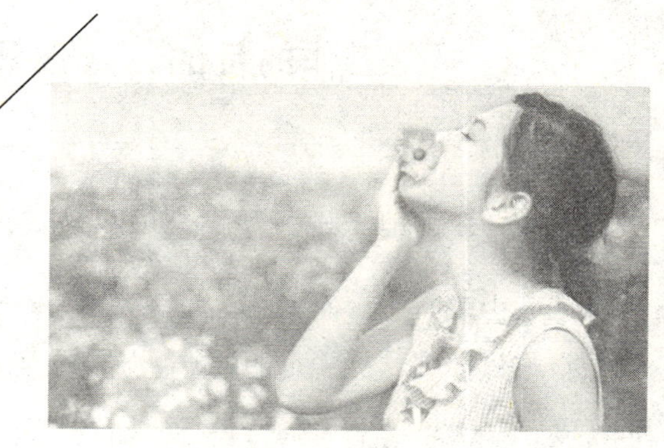

现代社会，大多数女人都已经走出家庭，走入职场，为实现自己的完美人生而努力拼搏和奋斗。站在起跑线上的女人们往往心态各异，有人一门心思想要出人头地，有人却感到胆战心惊，甚至吓得两腿发软，还有的人淡定平和，能够看到自己的优点和长处，也能看到自己的缺点和不足。在这种情况下，显然心态好的女人会更胜一筹，因为她们很清楚自己工作的动机和初衷，也知道自己想要在工作中得到些什么。明智的女人不会把工作当成人生的全部，让自己身心俱疲，而是能够发现工作的乐趣，从而玩转职场。

工作的目的，未必只是得到薪水

毋庸置疑，现代社会的人们要想立足职场，并非一件容易的事情，尤其是在人才辈出的今天，所谓长江后浪推前浪，每个人都可能会被新生代的力量取代，很难只凭着自己固有的资本，始终在职场上游刃有余。当然，新人有新人的优势，老人也有老人的特长。假如我们能够把工作作为事业去对待，努力提升和完善自己，使得自己在工作上有所长，并能做到游刃有余，那么我们就会把工作做得风生水起。

遗憾的是，现实总是残酷的，很多年轻人怀揣着梦想走入职场，却不得不在现实面前败下阵来。不可否认的是，人要想在这个世界上生存，必须拥有基本的物质条件。一个人哪怕志向再远大，也必须满足自己的吃喝拉撒和衣食住行，才能上升到更高层次的追求。现代社会，女人不再是家庭的附属品，拥有了自己的一片天空。因而很多女人都离开小地方，去大城市谋求生存和发展。在找工作的时候，还没有脱贫的女人们最关心的问题就是薪资待遇，甚至加班费有多少。这当然无可指责，毕竟，人只有活着才能奔向更加高远的目标。但是女人们也不能舍本逐末，而要保证自己在关心实际问题的同时，能够关心更重要的问题，即这份职位是否符合自己对职业的期望，是否有利于自身职业生

涯的发展。和薪资比起来，这显然是更重要的，而且会在很大程度上影响女性朋友们对人生的规划和实现。

迄今为止，艾琳已经进入公司 10 年了。她是大学毕业之后就来到这家公司的，因而不但工作经验丰富，在公司里也有了自己的一席之地。对于现状，艾琳感到非常满意，因为老板在艾琳加入公司且与公司同甘共苦的 10 年中并没有亏待艾琳。现在，和同龄人或者是同行业内同等职位的人相比，艾琳的薪水是很高的。正因为如此，艾琳才会义无反顾地放弃去大企业工作的机会。然而，又是 3 年过去，艾琳突然发现，虽然自己的薪水还是比较高，但是那些曾经义无反顾去了大企业的同学，如今已经度过了职业生涯内养精蓄锐的阶段，有几个同学都一跃成为公司的中高层管理者，还有一位同学居然成为一家公司的合伙人。不得不说，艾琳非常震惊，也开始怀疑自己的选择和决定：我最初因为比较高的薪水放弃去大企业工作的机会，却使自己在十几年的时间里止步不前；反而是我的那些同学，也许前几年的薪水没有我高，但是他们得到了更为广阔的晋升空间，个人职业生涯发展的前景也十分看好。我到底是得到了还是失去了呢？

考虑清楚这个问题之后，艾琳突然觉得自己的眼光太短浅了，因而决定马上辞掉工作，去大公司锻炼自己，提升自己的能力。进入大企业后，艾琳就像是变了一个人，虽然大企业工作节奏快，工作压力大，但是艾琳在短短的时间内就得到了提升，其能力已经与之前不可同日而语了。

很多女人在找工作的时候，都喜欢找那种工作起来不操心、不忙碌，薪水也相对稳定的工作。不可否认，追求安逸的确是女人的天性，但是如果人生始终满足于安逸，那么就会止步不前。尤其是在年轻的时候，女人要想取得进步，就要更加挑战自我，在艰苦卓绝的工作环境中锻炼自己，这样女人才能突飞猛进，让自己得到质的飞跃，令他人刮目相看。

需要注意的是，女人尤其不要因为所谓的安稳和高薪而放弃发展自己的机会。归根结底，对于年轻人而言，薪水的高低并不是最重要的，最重要的是要在工作过程中获得成长，要在保障生存的情况下让能力和实力双双得以提升。人的目光总是有的短浅，有的长远，一味地盯着眼前的这点儿薪水看，就是目光短浅的表现。在保障生存的情况下，明智的女人会更愿意选择有前景和发展前途的工作，从而让自己在自我提升和完善之后，水到渠成地得到高薪。

面对职场风云，聪明女人以静制动

有人觉得人生就像是漫无边际的大海，时而平静如镜，时而惊涛骇浪。实际上，和人生相比，职场更像是暴怒的大海。在职场上，没有人会一帆风顺，每个人都会经历各种各样的起伏。人在职场，身不由己，很多时候，即便我们不愿意这样波澜起伏，也无法左右什么，只能顺应职场的形势主动或者被动地起起伏伏、升升降降。的确，一个人要想在职场上出人头地、如鱼得水，是很有必要把自己变成弹簧的。

在职场上，不可否认，很多时候女人都处于弱势和被动之中。要想做出和男人同样的成就，女人往往要付出更多的努力。难道，只因为困难重重，女人就可以知难而退，或者趁势逃跑吗？当然不是。明智的女人绝不会被动地等待命运的安排，而是会以静制动，掌握主动权，从而主动应对职场上变幻莫测的形势。

在现代职业女性之中，杨澜显然是非常成功的。杨澜告诉我们，女人必须能够接受生活的变故。尽管大多数女人都心甘情愿当温室里的花朵，也想让自

己接受他人无微不至的照顾，但是，当生活的海面上突然兴起惊涛骇浪时，即使女人想要逃避，也是不可能的。所以，与其被动地等待生活的裹挟，不如主动地做好计划，坦然迎接生活中的一切变故。不可否认，和荒郊野外的那些花草相比，温室里的花朵是不堪一击的，也是非常脆弱和容易受伤的。作为女人，我们要把自己变成生命力顽强的花草，如同蜡梅一样迎风傲雪绽放，而不要像温室里的花朵一样经不起任何风吹雨打。

女人往往心思细腻，而且很容易感情用事，所以很多女人在职场上会因为一时冲动酿成错误，或者因为感情脆弱以致无法面对职场上激烈的竞争和钩心斗角的复杂人际关系。我们必须意识到，就如同磨难之于人生是理所当然的一样，挫折之于职场也是完全合理的存在。任何人，在人生之中都既有一帆风顺的时候，也有遭遇坎坷挫折的时候。当人生遭遇下坡路，尤其是在职场上屡遭不顺时，我们要做的不是自艾自怜，而是勇敢地抬起头，迎着困难走出去。

大学毕业后，李娟进入一家公司工作。这家公司规模很大，而且实力很强，有很大的晋升空间，这也是当初李娟放弃小公司的高薪、进入这家大公司的原因。凭借着自身的聪慧和努力，几年之后，李娟就因为在销售岗位上出色的表现被提升为销售经理。年纪轻轻的李娟不免得意起来，因为这个时候她的很多同学都还在行政岗位上做着最简单基础且毫无出头之日的工作呢！

然而，在金融危机的影响下，公司为了开源节流，把市场部并入了其他部门，那个部门的经理资历更高，所以新官上任不久的李娟自然也就被降职处理，再次成为普通的职员。这对于春风得意马蹄疾的李娟而言，简直难以接受，她想不明白，既然是部门合并，为什么不能让她和那个部门的经理平起平坐呢！当然，她也知道公司要节约成本。在这样的打击下，李娟失去了工作的热情，从之前工作起来就像打了鸡血一样，到现在蔫头耷脑如同斗败了的公鸡，她简直不知道如何面对自己。当然，新任部门经理张经理看出了李娟正在闹情绪，因而一个周末约着李娟和几个同事一起爬山。李娟既然不想辞职，也就不想和张经理把关系闹得太僵，因而她接受了张经理的邀请。

他们一行人花费很长时间，好不容易才爬到一座小山峰，毕竟大家平日里忙于工作，对于身体锻炼都懈怠了。趁着其他同事还没上山，张经理突然指着远处的重峦叠嶂问李娟："李娟，你看看那片山，哪个山峰是最高峰呢？"李娟指着距离自己所在的山头还隔着两个山峰的一座高山，说："当然是那座，那座真的好高啊！"这时，张经理颇有深意地说："我们如何才能爬到那座山峰上呢？"李娟想了想说："我们要下去山谷，翻越中间的两座山峰，才能爬到那座最高峰上！"张经理笑着说："是啊，爬山就像是人生的历程，有的时候适当地降低高处也不是坏事，说不定未来就能因为走下了眼前的山峰，从而到达真正的高峰呢！"李娟似乎意识到张经理的暗示，因而会意地点点头，笑了。

的确，如果不让自己走下坡路，翻越中间那两座山峰，李娟是不可能飞到更远处的那座高峰上的。人生在世，起起伏伏完全是正常的，更何况职场上人际关系复杂，领导在提拔人才的时候也会考虑到方方面面的综合因素。在这种情况下，我们与其抱怨一时的失意，不如趁此机会努力提升和完善自己，从而让自己养精蓄锐，等到合适的时机再扬帆起航。

人生难免失意，面对人生的失意，之所以有的人成功，有的人失败，就是因为成功的人能够摆正心态，坦然面对失意；而失败的人却一蹶不振，从此之后再也无法振作起来，这样的自暴自弃，令他们想不失败都很难。真正聪明的女人，真正的职场上的女强人，对于职场的各种规则看得很透彻，因而她们既不会因为一时的得志就得意扬扬，也不会因为一时的失意就沮丧失落。相反，她们会努力提升自身的能力，从而让自己更加坚强果敢地面对波澜起伏的职场。

干一行爱一行，女人才能体会到工作的乐趣

现代社会，有很多大学生在走出校园之后，所从事的工作都是与自己大学期间的专业无关的。这或许是因为他们不喜欢自己的专业；也或许是因为就业形势严峻，他们不得不改变自己最初的志向，先谋求生存再谋求发展；还有一种可能是他们很喜欢自己现在从事的工作。毋庸置疑，做自己喜欢的事情，从事自己喜欢的工作，对于任何人而言，都是莫大的幸运。然而，这样的幸运在现实生活中却很少见，因而大多数人并不能随心所欲地活着，而是为了生活，不得不努力调整和改变自己。

在婚恋之中流传着一个问题，那就是：选择我爱的人，还是选择爱我的人？当然，也许有朋友会说恋人之间倾心相爱，才是最完美的爱情。遗憾的是这样的幸运并非人人都有，所以在只能选择一种情况的时候，有人选择爱自己的人，让自己尽情享受对方的关爱和呵护；有的人选择自己所爱的人，心甘情愿成为爱情中那个主动付出且无怨无悔的人。面对工作，我们却没有这样的好运气有更多的选择。首先，工作不会爱我们，所以当我们无法从事自己喜欢的工作，又不能什么都不做成为需要别人养活的废人时，我们唯一的出路就在于干一行爱一行，哪怕最初工作的时候心不甘、情不愿，也要转变为热爱自己的行业和工作，从而发掘出工作的乐趣，最终发自内心地接受这份工作，甚至把这份工作变成自己的兴趣所在。这样一来，我们就实现了前文所说的幸运，即我们可以从事自己喜欢的工作。只要这样想一想，就会觉得自己很幸运，也很伟大，不是吗？

很久以前，有个心理学家进行了一项实验。他把所有参与实验的女性分为三个组，并且要求这三个组的女性都从事自己认为乏味的工作。每当一个阶段

的工作完成，心理学家就会稍微奖励一下第一组，而加大力度奖励第二组，对于第三组受试者，他却不给予任何奖励。此外，他还要求第一组受试者必须绘声绘色地告诉别人她们所从事的工作非常生动有趣。最终的实验结果告诉我们，第一组受试者最终真的爱上了这份工作，她们对于工作的热爱程度，远远高于第二组和第三组受试者。这到底是为什么呢？实际上，第一组受试者和其他两组一样，也觉得工作很无聊，而且很乏味，但是她们在不断向别人讲述工作趣味性的过程中，渐渐地说服了自己，从而在潜意识里主动调节自己的心理状态，最终居然成功地完全说服了自己，让自己真心觉得这份工作很有趣。而第二组受试者虽然得到了很多的奖励，但是并不像第一组女性一样有说服他人和自己的过程。第三组受试者呢，因为没有受到任何奖励，所以对于自己勉为其难从事的工作丝毫没有任何好感。从这个实验我们不难看出，哪怕我们并不喜欢自己从事的工作，但是只要我们发自内心地接受这份工作，并且试着发现这份工作的优点，努力地去爱上这份工作，最终我们就能真的悦纳这份工作，而且得到加倍的快乐。

很多女性朋友都把工作作为一种谋生的手段看待，觉得工作理所应当地和我们的兴趣爱好等全无关系。实际上，工作是我们生活的重要组成部分，每个人的人生中，大部分的时间都用于工作了。从这个意义上而言，工作是否愉快，不但关系到我们的职业生涯发展，也关系到我们的人生质量。一个心态积极乐观的女人，哪怕面对枯燥无味的工作，也能够找寻到属于自己的快乐。

还有些女性朋友对于工作的理解过于狭隘，对于自己在工作中的表现也要求很低，觉得自己每天只要按时上班下班，把分内之事做好就行了。其实，工作是有很大创造性的，只要我们以积极的心态发掘工作的乐趣，早晚有一天会爱上工作。当然，无论如何工作都不是旅游度假，所以我们也无须对于工作存在奢望。

很多事情，都取决于人们的一念之间。对于工作的理解和感受，也取决于女人的心态。所谓“三百六十行，行行出状元”，这句话告诉我们，每个行业都能做出成就，重要的在于我们以怎样的心态面对工作，又以怎样的态度对待工作。从现在开始，女性朋友们，让我们扬起风帆，在职业之海上扬帆起航吧！

对待工作，女人有能力也要肯付出

人在职场，很多人都觉得自己能力超群，因而总是高高在上，甚至瞧不上那些实力和能力都不如自己的人。的确，有能力、肯实干，而且脚踏实地、任劳任怨的人，对于任何公司来说都是宝贝。然而，熟悉企业管理的人都知道，这样的人在每一家企业都是凤毛麟角，绝不可能泛滥，也就是说他们位于金字塔的塔尖，甚至对于有些公司而言，这样的人才完全是可遇而不可求的。

那么，企业的中流砥柱又应该是怎样的呢？实际上，企业的中流砥柱，不是那些有能力且愿意干的人，而是那些能力平平，却始终脚踏实地、兢兢业业付出的人。他们是企业中的稳定因子，很少主动跳槽，而且对待工作认真勤勉，所以不管企业高层如何变化，只要这群人在，企业就能保持正常的运转。那么，那些有能力，但是对待工作三心二意、不愿意付出的人呢？在企业中，他们的价值真的如同自己想象的那般不可或缺吗？其实不然。要知道，对于企业而言，一个人哪怕能力再强，如果不愿意付出，他的能力就无法发挥出来，更无法实现价值。这样的能力，有不如没有，所以有很多企业都无法容忍这样的人存在。那么，女性朋友们，你们对待工作的态度如何呢？如果你们自觉能力很强，那么一定要提醒自己时刻主动为工作付出，对待工作兢兢业业，这样你们才能进入金字塔尖的行列。如果你们觉得自己的能力和水平都很一般，那么也无须烦恼，因为毕竟只要你们脚踏实地地付出、勤奋刻苦，你们还是可以得到领导的器重和赏识的。但是千万不要使自己成为最后一类人，即有能力却不愿意付出、对待工作总是偷奸耍滑的人，否则你们容易被淘汰，再也无法以强者的姿态游走于职场。

作为一家工厂的员工，尽管娜扎身边有很多人偷奸耍滑，但是娜扎对待工作始终兢兢业业，任劳任怨。她非常认真，达到了一丝不苟的程度，甚至为此得罪了其他同事，因为她实在是太较真了。

有一天，领导安排娜扎所在的车间加班完成一项紧急工作。大多数同事一边消极怠工一边抱怨，但是娜扎想：既然都留下来加班了，不如就把工作做好吧，这样至少对得起自己付出的宝贵时间啊！就这样，在其他同事聊天抱怨的同时，娜扎一直在分秒必争地埋头苦干，半个通宵下来，她居然独自完成了一半的工作量，而其他的6名同事一共才完成了一半的工作量，而且工作质量也很差。次日，领导了解情况之后，问大家："如果按照娜扎的工作效率，我觉得我完全可以辞退你们。"同事们因此都很排斥娜扎，因为在他们之中，认真负责的娜扎是另类，常常搞得他们很难堪。没过多久，领导就提拔娜扎成为车间主任，主要负责抓车间里的工作，提高每个人的工作效率。娜扎上任第一天就告诉大家："我并不比大家多什么，大家也并不比我少什么。如果说每个人的工作速度有差异，那么我就告诉大家吧，以后你们只需要达到我80%的工作效率即可，这很公平吧！"在娜扎的带头和管理下，很快，车间里的工作效率大幅度提升，在年底的时候居然被评为先进车间，车间里的每个人都得到了一本荣誉证书和一笔奖金。

对于工作，每一个走上工作岗位的女人，只有打起十二分的精神，才能做到与男人平分秋色。在很多障碍面前，女人更是要想方设法克服，有的时候对

于男人而言很简单的事情，到了女人这里就需要加倍努力才能解决。在这种情况下，我们与其浪费自己宝贵的生命和时间混日子，不如像娜扎说的要对得起自己，从而帮助自己获得进步和成功。

没有人可以不费任何力气就得到幸福，每个人要想如愿以偿过上梦想中的生活，都需要加倍努力。一旦走上职场，女人就要改变柔弱的作风，认真努力地做好每一件事情,从而使自己拥有辽阔无比的天地。然而,我们必须清楚的是，我们必须努力提升自己，培养实力和能力，而且要具有一颗积极向上、踏实肯干的心，这样才能在职场上取得成就，收获颇丰。

面对加班，不抱怨的女人得到更多

现代职场，加班已经成为家常便饭。每个人面对加班加点的工作常态，各自都怀着不同的态度，有人觉得加班给加班费就好，那么面对没有加班费的加班呢？有的人面对加班总是怨声载道，却有没有资本和勇气炒老板的鱿鱼，只能一边抱怨一边勉强维持着。在这种情况下，苦恼的只有自己，老板当然是毫不知情的，或者老板也可以明明知情而装作不知情的样子，从而忽略员工的抱怨。有人找工作的时候，特意要找不加班的工作，然而他们找了很长时间，也没有完全符合他们要求的工作，最终还是得向现实妥协。

实际上，既然加班是职场人士的家常便饭，那么不管有没有加班费，如果一味抱怨，只会使女人们失去更多。明智的女人不会在加班的过程中失去更多，反而会端正自己的态度，以好的心态面对加班。这样一来，虽然女人没有得到加班费，却因为以良好的心态面对工作而积累了更多的工作经验，也提升和完善了自己的工作能力。这样的加班，不论有没有加班费，女人都是有所收获的。

职场中有一种流行的说法，即人世间最痛苦的事情就是上班，比上班更痛苦的事情是加班，比加班更痛苦的事情是免费加班。尽管这只是一种调侃的说法，却令女人们产生很深的感触。现代社会竞争非常激烈，很多大学生从一毕业就开始待业，甚至还没就业就已经失业。在这样的情况下，女人们作为职场上的弱势群体，根本不敢轻易跳槽，只要加班没有超过她们的承受能力，而她们对于工作又相对满意，那么她们只能继续忍受加班。

通常情况下，女人往往心眼比较小，且很爱算计。所以大多数女人占了别人的便宜时会高兴，而一旦吃了亏，则会愤愤不平。可想而知，让她们每天都把宝贵的休息时间用于工作，对于她们而言简直是非常痛苦的事情。然而，痛苦与快乐其实只有一念之差，我们只要摆正心态，就能够坦然面对加班。尤其是对于单身的女人而言，一个人的生活总是没有那么紧张忙碌的，对于一人吃饱全家不饿的她们来说，完全可以利用如此美好的青春年华，努力提升自我，促使自己不断学习，取得进步。所谓技多不压身，我们学会更多的技能，能力更强，对于我们的人生只有好处，而没有任何坏处。

有统计数据显示，西方国家曾经以八小时工作制为铁的定律，但是，如今随着社会发展，西方国家越来越多的人开始主动自愿地提出加班要求。诸如美国，至少有 1/3 的人自愿延长工作，因为他们想要提升自己的生活品质，也愿意为了获得成功而加倍地努力。所以女性朋友们，再也不要因为现在的加班而抱怨。尤其是年轻的女性，更要抓住宝贵的青春时光努力学习，提升和锻炼自我，增强自己的实力和能力，从而保障自己能够拥有更加光明的前途。当然，凡事都不是绝对的。假如女性朋友已经结婚，而且有了孩子，那么加班就会受到很多限制。在这种情况下，女性朋友可以把自己的实际情况和现实困难告诉领导，从而尽量争取到领导的理解和体谅，协调好生活和工作之间的关系。

劳逸结合，女人才能实现可持续发展

现代社会，各行各业都提倡可持续性发展，实际上人最应该实现可持续性发展，因为人的潜能是无限的，而唯有在保障身体健康和生命安全的情况下，人才能最大限度发挥自身的能力，从而不断突破和超越自我，让自己得到提升和完善。尤其是女人，在如今竞争激烈的社会生活中，更应该调整好生活节奏，做到劳逸结合。正如人们常说的，身体是革命的本钱，否则一旦身体失去健康，最终吃亏的一定是女人自己。

女人是这个世界上最爱美的动物，她们总是想方设法地让自己的外表变得更美丽，提升自己的气质。然而，女人的美不仅仅表现在外在，也表现在内在，女人唯有不断修炼自己的心灵，让自己对于生活有更加深刻的理解和感悟，才能活出自我，真实潇洒。

现代社会，大多数女人不再被雪藏在家里相夫教子，而是走入职场，和男人平分秋色，平起平坐。但是与此同时，女人也面对更大的生活压力，因为她们在职场上打拼时还要兼顾家庭。从这个意义上来说，虽然照顾家庭的重任并非独属女人，但是因为女人更善于操持家务，照顾好家里的老老小小，所以女人对于家庭生活必然要付出更多。现代职场，女强人越来越多，她们不顾一切地打拼，渐渐忽略了休息，导致身心俱疲。当身体过度劳累，女人就会在某个时刻突然失去健康，如此一来，还谈何更好地发展呢？由此可见，健康才是生命的1，唯有在健康的身体状态下，那些金钱、权势等组成的0，才变得有意义。否则一旦失去健康，一切的拥有都会变得虚无，变得毫无意义。

现代社会，生活节奏越来越快，竞争越来越激烈，在高强度的劳动和巨大的压力下，女人更加频繁地感到劳累。很多女性朋友在开始工作后不到一年的时间里，就会厌倦自己的工作，恨不得马上逃离。有统计数据显示，在大多数工作超过一年的职场白领中，至少有40%的人想要跳槽。实际上他们并非是因为对现在的工作不满意，而是因为他们厌倦了现在的生活，对工作产生了倦怠心理。当我们对一件事情毫无兴趣甚至心生反感的时候，我们却不得不继续应付工作，可想而知这样的工作必然效率低下，也会导致从事工作的人出现心烦失眠、焦躁不安等负面情绪。这不仅仅是职场上的问题，更是心理问题。每一个职场人士只有处理好这个问题，才能更好地经营自己的职业生涯，获得成功，也才能有效延长自己的职业生涯，让自己从工作中获得更多的幸福快乐。

在小城市生活中的人，总是羡慕大城市的职场精英朝九晚五的生活，哪怕是拥挤的地铁对于他们而言也是很大的诱惑。他们不知道的是，大城市的职场精英早已经厌倦了现状，甚至想要打破这样的生活，从而重塑一个新的人生。现代职场，很多人都觉得自己进入职业生涯发展的瓶颈期，恨不得一年之内跳槽十次，殊不知，频繁跳槽并不能解决他们对于工作的倦怠，更无法帮助他们打破瓶颈，唯有改变心态，学会劳逸结合，在生活和工作之间取得平衡，才能帮助职场精英找回最好的状态。尤其对于职场女人而言，因为承受生活和工作的双重压力，她们更容易感到身心俱疲。

一个女人在经过剧烈运动之后必然知道停下来让自己喘息片刻；同样的道理，女人在职场上打拼感到疲劳后，也要适度休息，唯有如此才能保障自己的身体健康，也才能让自己的心灵获得片刻的轻松和愉悦。唯有身体好、心态好，女人才能在职场上取得更加长足的发展，也才能真正把工作做好。这是人之常情，也是实现生活可持续发展和良性运转的必经之道。毕竟人不是机器，不是只要喝汽油就能拥有用动力的。更何况，哪怕是机器，在使用一段时间后也是需要停止运动、加机油保养的，更何况是人呢？更何况是女人呢？现代社会很多人的身体长期处于亚健康的状态，这都是长期积劳成疾导致的，也许现在看

来亚健康并不会对我们产生严重的危害，但是如果我们任由亚健康发展下去，而丝毫不理会身体给我们敲响的警钟，那么我们一定会追悔莫及。

明智的女性朋友们，再也不要因为一时的工作堆积，就对自己的身体和心理健康置之不理，我们唯有更加理智地安排好生活和工作，让自己劳逸结合，才能获得更好的发展。其实从工作效率的角度来看，只顾着连轴转看似忙碌而又辛苦，实际上对于提高工作效率并没有很大的帮助，有的时候还会事与愿违，形成隐患。所以，健康地活着，张弛有度地工作，才是聪明女人的首要选择！

第14章

与人为善，怀揣感恩之心笑看人生种种风景

生活中，总是充满各种未知，既带给我们惊吓，也带给我们惊喜。然而，生活总体而言还是美好的，活着本身就是一件非常美妙的事情。每天睁开眼睛都能看到美丽的花朵，闭上眼睛还能享受甘甜的睡眠，留在家里可以感受安宁美好，走出家门又可以享受清风拂面，这样的人生当然值得我们感恩。只要我们心怀感恩，在生活中与人为善，我们还会有更多的朋友和志同道合的伙伴，也会因为站得更高、走得更远，而看遍人生的风景，这岂不是莫大的幸福！

幸福，永远只青睐美丽的心灵

这个世界上有很多种美，女人不但是美丽的代言人，更是美丽的使者，而且穷尽一生都在追求美丽的道路上前进。女人就是美丽的动物，她们的本能就是追求美丽，看到美丽的鲜花，她们会情不自禁地惊叹；看到漂亮的衣服，她们更是不忍挪开自己的眼睛；甚至看到美丽的同类，她们也会情不自禁地感慨。然而，大多数女人都在追求表面上的美丽，殊不知，真正的美丽更富有长久的生命力，是由内而外散发出来的。只有发自内心的美丽，才会得到幸福的青睐，得到好运的偏爱。

现代社会，很多女人都投身于职场，恨不得在职场上出人头地，拥有更高的职位，赚取更多的金钱。然而，时光飞逝，青春不再，女人的青春是很短暂的，尤其是鲜活而又生动的青春岁月，更是会在不知不觉间悄悄溜走。没有任何女人能够真正保持不老童颜，就像武侠小说中的天山童姥一样骗过那么多人。哪怕是不老女神赵雅芝，也渐渐在时光的流逝中青春不再，但是发自内心的从容优雅，却使得她美丽如故。所以对于女性朋友而言，最重要的不是靠着整容或者美容的方式让自己的面貌变得美丽，而是更加关注和修养自己的心灵，让自己焕发出由内而外的美。唯有如此，女人才能更从容淡定，也才能历经岁月

的磨砺洗去铅华。

有一天，上帝来到森林里，召集所有的动物开会。上帝告诉动物们："大家都认真听好，今天我要给大家一个机会，假如你们之中有人对自己的身形相貌感到不满意，我可以帮助你们满足心愿，让你们感到满意。但是，你们记住，每个人都只有一次机会，所以你们必须认真想好再告诉我，否则如果你们后悔了，我可是概不负责。"当时，猴子站在开会队伍的最前列，因而距离上帝最近。所以，上司话音刚落，就把目光投向猴子，示意猴子第一个发言。

猴子毫不推辞和客气，马上开始滔滔不绝："我身体灵活，智力超群，因而我很满意自己的长相。但是我觉得如果可以的话，您可以把笨重的狗熊变得灵巧一些，因为他现在真的太迟钝了。"听完猴子的话，狗熊有些害羞地挠挠自己的脑袋，说："虽然我有些笨重，但是我对自己还是很满意的，因为这恰恰说明我吃得好、睡得好，生活无忧无虑。我建议您可以给大象改变一下，毕竟大象的鼻子太长了，尾巴却又特别短，耳朵还和蒲扇一样大大的，整个看起来根本不协调嘛！"大象也不乐意了，说："我对自己很满意，你们只看到我的不协调，却没有看到海里的鲸鱼整个身体圆溜溜的，更难看。"就这样，上帝耐心地听着动物们发言，最终却发现没有任何动物对自己的长相不满意，相反，他们都觉得其他动物的长相不那么完美，因而都主动把这个机会让给其他动物。

虽然这只是一个寓言故事，但是从中我们不难看出，金无足赤，人无完人，虽然每个动物都有缺点，但是他们在自己心目中都是完美的。其实，这个世界上根本没有所谓的完美，遗憾的是很多女性朋友都在不遗余力地追求完美。随着韩剧的热播，很多女人也开始接受韩国人普遍整形美容的观点，有些女人甚至哪怕财力紧张，也要四处兜兜转转借遍亲戚朋友，只为了让自己变得更美丽。然而，在她们整好鼻子之后，又发现自己的嘴巴太大了，在整好眼睛之后，又

觉得对发际线不满意。总而言之，人很难十全十美，更无法让吹毛求疵的自己满意，以致有些女人居然接二连三地整容几十次。还有的女人丰胸隆鼻，使用各种劣质的材料，最终导致材料渗透到身体中，根本无法清除出去。不知道这是女人的悲哀，还是整个时代审美的悲哀。

古人云，身体发肤，受之父母。作为子女，我们是不能在不经过父母同意的情况下就对自己的身体动刀子的。一个人长成什么样子都是天生的、自然的，这远远比采取强制改变以及伤害身体的美容手段来得更健康、更天然，也更符合生命的规律。

幸福的女人都能坦然面对自己的身材长相，因为她们知道和外表的美相比内心的美更重要。她们坚守自己心灵的美丽和善，让自己的生活变得非常美好，这是让每一个人都对她们羡慕不已的。要知道，幸福总是青睐在美丽的心灵中寄居。当然，我们也并非说女人不能追求外表的美丽，而是告诉所有的女性朋友，由内而外散发出来的美才是真正的美，才值得我们珍惜和推崇。

福祸相依，女人要学会掌握平衡

自然界里有着一种奇妙的平衡，这就是生态环境。很多时候，一旦人们强制改变生态环境，就会导致生态失衡，甚至酿成大祸。在广袤的草原里，生活着一群鹿，但是因为被天敌——狼追击，它们的数量始终无法大量增长，因为狼时不时地就会对它们展开攻击，凶残地咬死它们，把它们作为食物吃掉。后来，有人猎杀了很多狼，原本以为这样就能使可爱的鹿从此之后快乐地生活，却没有想到，没过多久，鹿群快速繁殖，最终居然把整片草地啃得寸草不生。这就

是生态平衡被打破的恶果，虽然狼会吃掉鹿，却平衡了整片草原的生态环境。一旦没有了狼的制约，大量繁殖的鹿反而成了破坏草原环境的罪魁祸首，使得草原满目疮痍。

中国古代的道家创始人老子曾经说过，“祸兮福之所倚，福兮祸之所伏”。这句话告诉我们，福祸相依，而且可以互相转化。有的时候福气会伴随着灾祸，有的时候灾祸之后我们也会拥有好运气。世事变幻无常，我们不能以一成不变的眼光看待事情，而应意识到万事万物都处于不断的发展变化之中，所以要学会转化。

很久以前，在靠近边塞的地方，有个老人靠着养马为生。路过边塞的人经常会找他买马，渐渐地，大家都称呼他为塞翁。有一天，塞翁家里的马去吃草，回来的时候却少了一匹马。想到那匹马应该是跑到塞外胡人的居住地了，塞翁有些心疼。邻居们得到消息后，都来安慰塞翁：“马丢了，别难过，虽然马很贵重，但还是身体健康更重要。”对于邻居们好心的安慰，塞翁只是笑笑说：“没关系，马丢了也许反而是件好事情呢！”听了塞翁的话，邻居们都以为他伤心糊涂了，全都摇摇头离开了。

一段时间之后，塞翁丢失的马突然回来了，而且还带回一匹胡人的骏马。听到塞翁不仅失而复得，还有了额外的收获，邻居们都为塞翁感到高兴，因而又恭喜塞翁。不想，塞翁没有丝毫喜悦，反而愁眉苦脸地说：“突然从天而降一匹骏马，也许并不是什么好事情！”后来，塞翁的儿子骑着这匹骏马外出游玩，因为骏马受惊狂奔不止，他从马背上掉下来，摔断了腿。塞翁只有这么一个儿子，如今却成了瘸子，热心的邻居们全都赶到塞翁家里，安慰塞翁不要过于伤心。塞翁却说：“虽然我的儿子摔断了腿，但是也许并不是什么坏事呢！”听到塞翁的话，邻居们全都觉得莫名其妙。他们觉得塞翁伤心过度神志糊涂了，全都非常同情塞翁。

没有想到的是，胡人很快开始入关，因此村子里除了塞翁的儿子是个瘸子外，所有青壮年全都被强征入伍，奔赴沙场。结果，他们都命丧沙场，而塞翁的儿子因为瘸了腿，反而得以留在家里，保全了性命。

这就是“塞翁失马”的故事。故事里的塞翁，在失去的时候不伤心，在得到的时候也不惊喜，而是淡然以对，因为他很清楚很多事情都是会相互转化的，谁也不知道最终的结果如何。而故事里的邻居们，你是否感到似曾相识呢？因为生活之中大多数人都和那些邻居一样患得患失，尤其是女人们更容易感情冲动，很难真正沉下气来。

其实，越是在关键时刻，我们越是要保持平静和理智。当遭遇损失的时候，我们最应该做的不是急于补救，而是分析事情发生的原因，从根本上解决问题。唯有如此，才能避免因为惊慌失措，导致顾头不顾尾的尴尬和难堪。

现实生活中，每个人都会面临各种各样的困境。对于已经发生、既成事实的事情，如果我们没有力量去改变，就不如平静对待，坦然接受，这样至少可以避免因为乱了阵脚而导致事情更加恶化。作为女人，我们更应该清楚每个人的能力都是有限的，一个人不可能做到对生活中的一切事情都成竹在胸。然而，虽然我们改变不了客观外界，但是我们可以改变自己的内心，端正心态，从而让自己更加从容不迫。女性朋友们，当你们在生活中和职场上奋力打拼的时候，一定要记住“塞翁失马，焉知祸福”，这样才能让自己的内心更加淡定从容，生活也更加优雅安然。

赠人玫瑰，手有余香

在给胡兰成的书信中，张爱玲写道："因为懂得，所以慈悲。"在西方国家，也有一句谚语，即赠人玫瑰，手有余香。尽管这两句话一句来自东方有才情的女子，一句来自西方的民间智慧，其中蕴含的道理却有很多的共同之处。的确，女人对于生活的感悟和理解与男人不同，因为男人更擅长理性思维，而女人则更擅长感性思维。

在每个女人的心底里，都有着慈悲为怀的本能。大多数女人的本性都是善良的，这也是为何人们赞美传统的中国女性时，总是以慈悲赞美女人。不管是慈悲的母亲，还是慈悲的妻子，抑或是慈悲的女人，总是让身边的人感受到她们的宽容豁达，感受到她们的真诚与赤诚。尤其是当女人的付出带着无私无畏的气度时，则更让人感动。

很多人都曾读过或者看过《西游记》，也都把慈悲当成是唐三藏的人格特征。唐三藏在一行人中，自身的力量是很弱小的，然而他却是整个团队的灵魂人物，动辄就说"慈悲为怀"，最终带领弟子们经历重重考验，成功取到真经。可以说，慈悲不仅是唐三藏的人格特征，也是唐三藏带给团队的凝聚力和向心力。哪怕一而再再而三地被那些妖怪掳走，即使身处险境，唐三藏也从未后悔过自己的慈悲。

作为普通人，我们并没有肩负着取经的重任，也不必真正面对各种妖怪。但是生活的情况也是复杂的，很多时候，我们无法逃脱生活的窘境，而且必须面对生活。常言道，与人为善就是与己为善，宽容他人就是宽宥自己。慈悲永远不是唐僧的专利，我们作为普通人，也应该和善友好，从而以我们的宽容赢得他人的宽容。

在寒冷的冬日，有个小男孩为了积攒学费，正在挨家挨户地推销产品。眼看着已经到傍晚了，小男孩又累又饿，但是他没有推销出去任何产品，而他身上仅有的一毛钱，又使他买不起任何东西——哪怕是一杯热饮。饥饿使他筋疲力尽，无奈之下，他决定向下一户人家讨要一些吃的。他走啊走啊，好不容易来到一户人家。敲门之后，有个年轻的女孩打开了门，小男孩问："请问，可以给我一杯热水吗？"女孩看出来小男孩又累又饿，饥寒交迫，因而答应之后就转身离开了，大概几分钟之后，女孩端来了满满一大杯热牛奶。男孩捧着热乎乎的牛奶，一小口一小口地喝着，喝完之后，他不好意思地问女孩："请问，我应该付给您多少钱呢？"女孩笑着说："不要钱。妈妈经常告诉我要乐于助人。"

男孩再三对女孩表示感谢之后，大步流星地走开了。原本，他已经心灰意冷、准备退学了，但是他现在觉得自己浑身都热乎乎的，而且充满了力量。若干年后，男孩成为一家知名医院的专家医生。当时，医院收治了一个疑难病例，需要各位专家会诊，当男孩看到这个病历上那个熟悉的地址时，他突然奔到病房里。果然，曾经帮助他的女孩此刻正无助地躺在病床上。男孩回到诊室，查看了关于女孩的所有病例报告，最终制订了详细周密的手术计划。女孩康复了，可以出院了，同时她却因为高昂的医药费发愁不已。护士给她拿来出院张单，当女孩看到最后的结算栏时，不由得笑了，因为结算栏里赫然写着："医药费：一杯牛奶。爱德华医生。"

虽然女孩对男孩的付出是不求回报的，但是命运最终兜兜转转，还是把女孩再次带到男孩的身边，让男孩对她的滴水之恩涌泉相报。当然，这并非意味着我们在帮助他人时安总想着回报，而是告诉我们命运是很神奇的，我们只有不求回报地帮助他人，才能在自己需要的时候，也得到他人的慷慨相助。尤其是女人，更是应该心怀善念，在他人需要的时候慷慨伸出援手。这样，我们才

能种下善良的种子，让我们的人生更加充满善意。

当然，与人为善并非软弱怯懦，女人的慈悲更是发自心底的感念。正如卡耐基所说，我们怎样对待他人，就会得到他人怎样的对待。所以，在漫长的人生路上，女性朋友们，让我们敞开心扉去接纳和宽容他人，这样我们的心才会变得更加包容，我们的人生之路才会越走越宽。

感恩生活，使女人感受到更多幸福

一首《感恩的心》，唱遍了祖国的大江南北，也使人们意识到心怀感恩的重要性。在人生之中的每一个时刻，我们都要心怀感恩，唯有如此，我们才能表现出对生活的热爱，才能获得生活慷慨的馈赠。

人们常说，只有心怀感恩，才能感激命运赐予我们的一切，才能创造更多的美好。现实生活中，很多女人都对现状不满意，殊不知，抱怨只会使我们离幸福越来越远，唯有心怀感恩，我们才能更加领悟生命的真谛。西方国家有感恩节，还有很多基督教徒在吃饭用餐之前都会进行虔诚的祈祷。且不说上帝在客观世界是否真实存在，我们唯一可以确定的是，当一个人心怀感恩时，上帝就在他的心里。作为女人，我们尤其要对世界心怀感恩。诸如我们要感恩阳光雨露，给我们的生活带来明媚和滋润；我们要感恩鲜花，让我们的生活充满芬芳；我们要感恩家人和朋友，是他们陪伴我们走过人生中最艰难无助的时刻；我们要感恩爱人，是他们使我们体会到生活的美好；我们甚至要感恩仇人，是他们让我们的心变得更坚强；我们也要感恩对手，是他们促使我们不断成长……总而言之，这个世界上的一切都值得我们感恩，我们唯有更加心存感激地活着，才能感受到生命的美好。

现实生活中，每个人都是独一无二的存在，每个人的人生也都是不可复制的绝版。在面对自己的命运时，我们是抱怨还是感恩呢？如果抱怨，我们非但无法得到命运的青睐，反而会使一切在我们怨恨的戾气中变得越来越糟糕。如果感恩命运的赐予，从而坦然面对命运安排的一切，积极主动地解决问题，那么我们的人生就很有可能出现奇迹。所以，我们无须抱怨命运不公，更不必强求命运的公平，我们只需要感恩自己拥有的一切，就能得到真正的幸福快乐和内心的从容安乐。

小骆驼和妈妈一起在沙漠里艰难地跋涉，烈日炎炎，小骆驼问妈妈："妈妈，我的睫毛为什么比其他动物的睫毛更长呢？"妈妈说："因为我们经常需要在沙漠中行走，而长长的睫毛能够帮助我们挡住风沙，使我们哪怕在风暴中也可以睁开眼睛辨识方向。"小骆驼又问："但是，我们的背部为什么和山峰一样呢？简直太丑了。"妈妈又说："你说得很对，我们的背叫作驼峰。你现在看到了，沙漠里水源稀少，我们很有可能在很长时间里都找不到水，正是因为驼峰帮助我们储存水分和养料，所以我们哪怕很长时间不吃不喝，也能存活下来。"小骆驼想了想，继续追问妈妈："但是，我们的脚掌又为何那么厚呢？"妈妈说："脚掌厚，才能支撑我们在沙漠里行走，人们叫我们'沙漠之舟'也是因为这个原因啊！"

骆驼妈妈是非常称职的妈妈，面对小骆驼对自身的不满，骆驼妈妈没有和小骆驼一样抱怨，而是对于造物主的安排心存感激。现实生活中，有很多女人也和小骆驼一样对人生各种不满意，而且深陷欲望的囚牢中无法自拔，总是奢望得到更多更好的馈赠。常言道，这山望着那山高，说的就是人的欲望永无止境。

小学时，我们学过一篇课文，讲的是小猴子捡了芝麻丢西瓜，最终毫无收获的故事。实际上，如果我们不能成为欲望的主人，主宰欲望，那么日久天长，

我们也必然被欲望捆绑，最终失去自己对于人生的主动权。不管我们的生活现状如何，我们都是自己人生的主宰。在这种情况下，我们要努力学会把握自己的命运，要对生活心怀感激，从而满心欢喜地生活。

感恩不仅是一种心态，也是我们每个人对待生活的态度。生活就像一面镜子，当我们以哭脸面对生活时，生活也必然哭着对待我们。当我们以笑脸对待生活时，生活才会回报我们以微笑。作为女人，我们要对生活敏感细腻，但是不要对生活过于苛责。我们只有怀着感恩的心面对生活中点点滴滴的美好，甚至是挫折和磨难，我们才能心胸开阔，勇敢应对生活中的酸甜苦辣咸，并敞开怀抱迎接生活的各种挑战和磨难。记住，爱生活，爱自己，我们的人生才会更加美好。

生活，偶尔也需要燃烧激情

很多女人都追求外表的美丽，殊不知，女人真正的美丽来自内心，女人真正的漂亮是活得漂亮。和封建时代女人只作为家庭的附属品存在不同，现代社会的女人已经为自己争取到和男人不分高下的地位，而且充分实现了自身的价值。所以，现在再说起女人能顶半边天，指的再也不是女人只能撑起家庭生活，而是指女人出得厅堂、下得厨房，能够操持好家庭生活，也能够在职场上与男人平分秋色，甚至更加出色。所以说，现代社会的女人真是不得了，她们就像是生活的全能手，如果一个家庭之中有一个能干的女人作为支撑，则整个家庭都会风生水起，使人刮目相看。

然而，女人也不能一味地操劳。经常有女人抱怨生活如同白开水，殊不知，

不是生活如同白开水一样，而是我们不懂得生活的真味，所以才把生活过成了白开水。大名鼎鼎的卡耐基曾经说过，也许岁月会使女人的皮肤上爬满皱纹，但是只要女人始终保持对于生活的激情，就能留住青春和活力，保证自己的灵魂完好无损。中国也有句俗话，叫作赤子之心。那么，什么叫赤子之心呢？所谓赤子之心，就是人对于生命的本真之心。

现代社会生活节奏越来越快，工作压力越来越大，这使得很多人在疲于应付生活的同时，内心也越来越焦灼不安，甚至完全忘记了自己出发时的心愿和梦想。这样的日子过得久了，人心必然越来越疲惫不堪，而且会焦虑不安。尤其是女人，因为要同时兼顾家庭和工作，也因为女人心思细腻敏感，所以更容易变得缺乏激情。其实，生活的确没有我们想象中那么美好浪漫，就像是一切的爱情一旦落实到婚姻生活中就离不开柴米油盐姜醋茶一样，生活一旦从虚无缥缈变得实际，也会成为浪漫的终结。

如果说机器运转需要汽油提供动力，需要机油帮助润滑，那么人生的运转和保险，也同样需要我们积极地调剂。懂得生活的女人，不但努力认真地活着，还会在生活中投入更多的激情，从而给生活保鲜，使生活永葆青春活力。尤其是对于爱情，女人更需要全心投入。古人云，女为悦己者容。很多女性朋友在与男朋友约会的时候，总是对镜贴花黄，甚至恨不得对着镜子把自己打扮成天仙美女，实际上，她们就是想以此征服男人，也表现出自己对爱情的激情，同时点燃男人的激情。有人说女人对待爱情的态度如同飞蛾扑火，实际上，哪怕是与所爱的人一起熊熊燃烧，也不能让爱情奄奄一息，如同即将熄灭的炭火。青春易逝，流年不经，一旦爱情失去最美的年纪，就再也找不回曾经最美好的感觉了。

人们常说，时间是最好的良药，殊不知，时间也是最冷酷无情的杀手。随着时间的车轮滚滚向前，无数人关于人生的激情都被消耗殆尽，梦想也被碾碎

了。随着婚姻生活的推进，大部分女人在忙碌琐碎的生活中，也没有了对镜梳妆打扮的耐心。她们依然憧憬生活，但是在残酷的现实中又未免会垂头丧气，甚至还会怀着得过且过的心态当一天和尚撞一天钟，不管是对于生活还是工作还是爱情，这都不是好的状态。

其实，女人要想解救自己也很容易，只要点燃内心的激情，女人就会发现一切都与众不同了。如果想要找到点燃激情的捷径，最好的方式就会再次回到恋爱中。的确，有人说恋爱就像重感冒，其实对于大多数女人而言，恋爱更像是吃大餐，抑或是类似于吃了兴奋剂。除了爱情之外，女人还需要用激情驱动自己的很多方面，诸如理想，诸如梦想，诸如实现人生的规划。虽然大多数女人都喜欢做五彩缤纷的美梦，但是女人的激情总是来得快去得也快。这就要求女人锻炼自己的韧性，从而找到合适的方法不断激发起自己的激情。

虽然很多女人怀揣梦想，她们却始终无法迈出行动的第一步。实际上，女人这是被自己的内心禁锢住了，也许当她们真正去做时，就会发现一切并不如她们想象的那么难。现实和理想之间也许隔着鸿沟，也许并没有那么遥远，我们不能把自己陷入举步维艰的困境之中，而应始终怀着激情，一往无前。相信这样满怀激情的我们一定会拥有与众不同的人生！

拥有平常心的女人，不会歇斯底里

现实生活中，人的本性就是争强好胜，之所以有人出人头地、璀璨夺目，有人黯淡无光、一事无成，是因为有些人把争强好胜落实到行动上，而有些人则只把争强好胜当成人生的梦想或者理想，绝不加以重视或者付诸实践。当然，争强好胜是好的，有进取心，人生才能进步。但是凡事皆有度，假如我们面对人生的各种境遇时只知道一味地、不分青红皂白地强上，那么人生就会由于不自量力而从主动走向被动。

人生当然需要一路冲冲冲，因为只有逼迫自己不断努力，才能赢得好的结果；但是有的时候，如果已经拼尽全力了仍没有取得好的结果，那么我们也要怀着一颗平常心对待。每次看奥运比赛，我们都会看到站在领奖台上的运动员激动得热泪盈眶，却很少看到那些与金牌失之交臂的人在背后有着怎样的隐忍和痛苦。在之前的一个热点新闻上，一个运动员被日本某位选手超越，与金腰带失之交臂，居然抱着妻子失声痛哭，让人在感慨他的真性情的同时，也不免因为他的脆弱而感慨。运动场就是赛场，每一个运动员都是一场又一场比赛拼下来的，即便是实力再强的选手，也无法保证自己在下一场比赛中肯定能够获胜。所以，当一名合格且优秀的运动员，最重要的就是要有良好的心理状态和超强的承受能力，这样他才能坦然面对比赛的胜负输赢，擦干心中的眼泪，继续奋勇向前。

女人要想成为人生的强者，不但要有努力向前冲的动力，在遭遇坎坷逆境时，也要有一颗平常心。如果女人的心咋咋呼呼的，那么哪怕遇到针尖大的一点小事情，她们也会大惊小怪。其实，平常心不但是一种生活态度，更是一种修养。有修养的女人都有平常心，因为她们知道生活中不止有苟且，需要争胜负输赢，更有诗意和远方。拥有平常心的女人往往胸怀开阔，她们有着大视野，使得她们的人生也有大格局，因而她们不会为了一些小事情患得患失，更不会在人生遭遇失意的时候歇斯底里。

作为俄罗斯体操女选手，霍尔金娜不但在每一次比赛中都表现突出，她对于成败的平常心，也使得很多人都由衷地对她竖起大拇指。

1985 年，霍尔金娜开始接触体操。她身形修长，气质不俗，格调高雅，尤

其富于艺术表现力，而且她有着自己的独特个性，显得与众不同。从 1994 年之后，霍尔金娜一场不漏地参加了所有的世锦赛，在历年比赛中，她共夺得了 21 枚奖牌，其中包括 10 枚金牌，9 枚银牌和 3 枚铜牌。在 1995 年到 2003 年期间，她总计获得 3 次全能冠军和高低杆五连冠。然而，命运从来不会偏爱和青睐任何人，在 2004 年雅典奥运会上，霍尔金娜原本带着希望，却没想到自己遭遇了体操生涯中的巨大打击。虽然十几年来她一直在诸多大型比赛的高低杠项目上保持优秀的成绩，但是这次比赛中，她居然失手从高低杠上摔落下来。当时，霍尔金娜觉得很尴尬，但是她马上调整心态，站起来继续完成全套动作，然后面色平静地离开赛场。毫无疑问，因为如此重大的失误，霍尔金娜成绩很差，也错失了在奥运会上实现三连冠的机会。对于霍尔金娜的职业生涯而言，这当然是一次失败，但是她微笑着离开了赛场，也结束了自己的体操生涯。她告诉自己，也告诉所有人："我已经尽力了。"

人生，总是有高潮也有低谷，每个人在人生的路程上，既有可能爬上巅峰，也有可能摔落谷底。当然，我们要怀着积极的心态面对人生，争取在人生的旅程中收获更多，但是当我们如同霍尔金娜所说的"我已经尽力了"时，除了对失败表示遗憾之外，我们更要拥有平常心，坦然迎接命运的安排。

很多事情，并不是能够随心所愿的；有的努力，也并非能有收获。古人云，宠辱不惊，闲看庭前花开花落；去留无意，漫随天外云卷云舒。虽然我们作为凡夫俗子未必能够达到这样的人生境界，但是女性朋友们，我们依然要非常努力，让一切都随心、随性、随遇、随喜。

第 15 章
适时放弃，学会取舍是女人善待自己的必修课

有人说，人生是由一个又一个接连不断的错误组成的，有人说，人生就是一次又一次的选择。女人的一生，也同样是错误和选择不断，如何面对错误，如何作出选择，对于女人一生的影响深远，甚至还会左右女人的命运，改变女人的人生轨迹。既然选择如此重要，那么，如何取、如何舍弃，对于女人而言就是人生的必修课，也是善待自己、从容应对生命的必修课。

记住，甘蔗没有两头甜

很多人都吃过甘蔗，相信甘蔗是很多人小时候记忆中的美味。精于吃甘蔗的人都知道，甘蔗的两端，根部比较甜，而靠近梢的那头，则没有那么甜。爱吃甘蔗的人总是因此遗憾，因为如此一来，他们就无法吃到完全美味的甘蔗了，但是聪明的人也知道，甘蔗没有两头甜。这也就是说，任何时候，我们吃甘蔗只能吃到一头甜的甘蔗，而不得不忍耐甘蔗不太甜的那一头。

其实，人生在世，有很多事情都是如此。在漫长的人生道路上，我们不止一次要面临选择，很多时候我们觉得最佳的选择时机还没有到，因而无法依靠选择让事情取得更好的结果；但是现实的情况是，在等到时机恰当的时候，我们已经失去了选择的机会。这就是人生的悲哀。因此，作为明智的女性，我们一定要懂得取舍之道，及时果断地作出人生的重要抉择，从而使得我们的人生多一份洒脱和从容，少一份局促和遗憾。

每个人在生命的历程中都要面临各种各样的选择，选择是否明智，往往会对我们的人生起到关键的影响。而且和很多人误以为的不同，虽然大多数人都觉得人生的转折点往往出现在重要的选择契机之中，但实际上人生的很多转机都出现在人生之中看似无关紧要的时刻。因此，哪怕是一次小小的转折，也有

可能彻底改变我们的人生。

当然，人生只有一种选择还不是最糟糕的情况，最糟糕的情况是人生有很多种选择，但是我们偏偏不知道如何取舍。很多事情都有两面性，包括福祸在内，都是相互依存和转化的。所以，我们要想作出理智的选择，就要权衡利弊，分析得失，这样才能根据事情的实际情况作出综合考量。

懂得取舍的人生，才没有遗憾。考虑周全的取舍，让我们的人生哪怕失去了很多也能够同时得到很多。至于得到的到底是不是我们想要的，那就要看我们人生的目标和理想是什么。很多女人在面对取舍的时候都犹豫不决，甚至有些女孩把决定自己考哪所大学或者嫁给什么样的男人的选择权利都交给父母，殊不知，被他人安排好的人生永远也活不出独属于自己的精彩，女孩这么做，看似是依赖父母，实际上是放弃了自己主宰生命的权利。而等到幡然悔悟的那一天，也许短暂的生命已经流逝大半，女孩已经追悔莫及了。

对于每个女人而言，青春时光都是短暂易逝的。如果女孩年轻的时候不懂得取舍，稀里糊涂地踏上了人生的旅程，那么终有一日她肯定会感到后悔。明智的女人一定深谙取舍之道，而且清楚地知道自己的人生需要什么、目的何在。唯有如此，女人的人生才会无怨无悔。

众所周知，鱼与熊掌不可兼得，然而这句人人挂在嘴边上的人生至理名言，很少能够让人控制好自己的欲望、不再贪心。在事到临头的时候，大多数人都彻底忘记了“人心不足蛇吞象”的道理，恨不得占尽天下的所有好事情。真正明智的女人，知道人生应该淡泊名利，也知道很多事情可以拼尽全力，却不能奢求一定得到好的结果。

在西方国家，很多人都说自己是被上帝咬过一口的苹果。既然如此，我们既应该为自己拥有醉人的芬芳而沉醉，也要宽容接纳自己身上存在的缺点和不足。很多时候，我们拥有怎样的心态，在人生中作出怎样的取舍，往往会决定

我们生活得如何。

对于每个人而言，命运都是公平的。每个人的生命之中都只有三天的时间，即昨天、今天和明天。毋庸置疑，昨天已经成为过去，成为不可更改的历史，而明天还遥遥无期，没有到来，所以我们能够把握的其实只有当下，也就是今天。想明白这个道理，在作很多选择的时候我们就不会瞻前顾后，也能够清醒地意识到自己永远不可能面面俱到。唯有更好地面对人生的诸多机遇、从容作出抉择，我们才能尽量把握更多人生的契机，尽量让自己的人生充实而又美好，了无遗憾。

从个人的角度而言，每个人都是普普通通的人，而不是无所不能的神仙。所以每个人的时间和精力都并非取之不尽、用之不竭的。在人生之中，当面临选择和取舍的时候，我们只有当机立断，才能把握千载难逢的好机会，才能真正主宰人生。

也许有些朋友会说，从小到大，父母总是安排好一切，我根本不用烦忧。那么我们忍不住要问，亲爱的女性朋友，难道父母能够陪伴你度过一生一世吗？随着我们渐渐长大，父母终将会老去。而失去父母翼护的我们，有朝一日必然要面对人生中的各种选择机会。从一日三餐吃什么，起床之后穿什么，选择什么交通工具这些琐碎的小事，到报考哪所大学，选择什么专业，毕业后选择进入哪家公司，选择什么样的男人结婚共度一生这些人生大事，恐怕需要我们面对的选择越来越多。所以，女性朋友们，不要再犹豫不决、小鸟依人了。当你觉得自己可以时，你会发现你完全能够作出正确果断的选择，而不需要再依靠任何人。从现在开始，就让我们积极主动地面对人生吧，你会发现一切都如你所愿，你已经成为人生的主宰。

落棋无悔，女人才能率性洒脱

很多喜欢下棋的人都恨不得找到一个脾气相投的棋友，痛痛快快地杀上几盘。然而，好棋友可遇而不可求，与自己志趣相投、性格相近的好棋友，更是如同知己一样难以遇到。那么当我们勉为其难和不那么合心意的棋友下棋时，最害怕遇到的是什么情况呢？不是对方棋艺太高超，也不是对方下棋完全不按照套路，而是对方每走一步棋，总是很快就要悔棋，有些棋友甚至还会一下子悔掉好几步棋呢！这样的局面，真的很让棋艺棋德好的人啼笑皆非，甚至哭笑不得。毕竟真正德艺双修的好棋友，是不会接连悔棋的。

人生也如同下棋一样。不过，人生并不能悔棋，因为这个世界上根本没有卖后悔药的。所谓的悔棋，只是平白无故自添烦恼而已，除此之外没有任何好处。其实，人世间的万事万物都要取得平衡，这样才能更加和谐。也有人把这个平衡的节点称为临界点，意思就是恰到好处、分毫不差的那一点。人生之中，总是能找到临界点从而成功保持平衡的人，当然是很厉害的。不过，能够落棋无悔、让自己的人生从容的人，也同样值得我们钦佩。哪怕我们是棋艺非常高超的人，我们也无法保证每一步棋都走得恰到好处；同样的道理，在生活中，哪怕我们竭尽所能，也无法做到面面俱到。

现实生活中，女性朋友更容易患得患失。当她们作出一项决定或者选择后，很快又觉得自己过于草率，或者还没有经过慎重的思考。这种落棋有悔的人生，显然无法给女性朋友带来良好的人生体验。因而明智的女性朋友往往都会努力战胜自己的弱点，从而使自己面对生活的时候更加从容不迫；哪怕选择错了，也能够坦然承担一切的后果。

懊悔之所以时常来搅扰我们的生活，就是因为我们总是患得患失。其实这

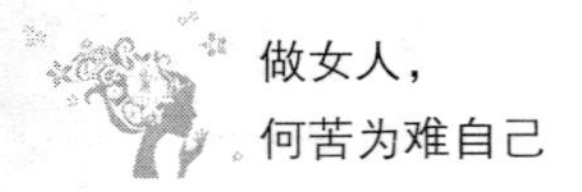

个世界上的很多事情都不是绝对的，诸如对于一件事情的处理方式并没有绝对的对错，对于一个人的评价也无法做到绝对公平。既然如此，我们为何还要这山望着那山高，患得患失呢！亲爱的女性朋友们，从现在开始你们就要告诉镜子里的自己：我是最棒的，我的爱人是最适合我的，我的家庭是最幸福的，我的工作也是最有发展前景的。当我们因此而放弃心中的焦灼不安，坦然面对人生时，我们的内心一定会恢复平静，我们的人生也会达到新的平衡。毫无疑问，和充满懊悔沮丧的人生相比，这样的人生更加幸福淡然，能够帮助我们活得潇洒从容。

悟性高的人，很容易拎得清生命之中哪些是重要的东西。人们常说，钱能买得来房子，却买不来家；钱能买得来陪伴，却买不来爱情；钱能买到昂贵的药品，却无法挽回生命。不得不说，这看似打油诗的几句话，实际上是无数前辈用自身的血泪史换来的。取舍时，除了要分清楚生命中的轻重主次之外，还要懂得人生的智慧。很多事情的结果并非取决于事情本身，而是取决于我们的一念之间。若我们的心想得开，我们的人生也就会豁然开朗。若我们心中郁郁寡欢，对于人生之中的很多事情都感到烦忧，我们的人生也会变得紧张局促。正因为如此，聪慧的人才能得到幸福，而愚钝的人只会让人生更加不幸。

常言道，天下没有不散的宴席，没有任何东西是会永远属于我们的。所以，与其抱怨生活中的种种不如意，我们还不如抓住宝贵的人生时光，把一切事情都看得开、想得远，并且恰到好处地把握好。正如我们前文所说的，塞翁失马，焉知祸福。人生之中，得失也是可以相互转化的。有的时候，我们得到了很多，如占了某个朋友的便宜，但是我们若因此失去朋友，则得不偿失。有的时候，我们为了帮助朋友慷慨付出，失去很多，但是我们收获了友谊，更收获了人世间最宝贵的真情。这样的得失，我们又该如何选择呢？相信明智的朋友自有取舍。

对于女人而言，到底怎样的人生才算是成功的人生？对于这个问题，很多女性朋友都有自己的理解。实际上，成功从来没有一个固定的定义，每个人对于成功的理解，不但取决于他们的思想和观点，也受到他们人生经历和经验的影响。同样一件事情，对于一个人而言是不值得的，对于另一个人而言则是非常值得的。所以，得失只在于人们的心间，怎样选择也只能由当事人自己作出判断。当尘埃落定，当内心充满阳光时，女人也就得到了脚踏实地的幸福。归根结底，日子是过给自己的，又何必在乎其他人怎么想、怎么看呢！

有的时候，必须先舍才能有得

有一天，苏格拉底把学生们带到麦田边。他指着一望无际的麦田，对学生们说："现在你们从麦田的这头走到麦田的那头，把你们看到的认为最大的麦穗摘下来。需要注意的是，每个人都不能回头，而且每个人只有一次摘麦穗的机会，一旦摘下了麦穗，哪怕在前面遇到了更大的麦穗，也不可重新选择。"学生们都不以为然，觉得老师布置的这个任务实在很简单；然而真正开始操作之后，他们才发现想要作出正确的选择很难。有的学生才刚刚走入麦田几步，就摘下了自己认为最大的麦穗，导致后面哪怕遇到更大的麦穗也不得不放弃，无法采摘。而有的学生呢，直到在麦田里走了很远，都忍住没有摘下那些自己认为大的麦穗，这是因为他们觉得前面有可能遇到更大的麦穗，因而不愿意把这个机会白白浪费了。遗憾的是，他们就快要走到麦田的那一边了，却没有遇到更大的麦穗，而此时他们已经错过了之前看到的最大的麦穗，更无法回头去弥补自己的错误，最终不得不匆匆忙忙摘下一个麦穗交差。在这些学生中，只有一个学生摘到了看起来很大的麦穗。他能够做到这一点，是因为他从走入麦田之后就一直在用心观察、分析，而且研究了麦穗分布的规律，所以最终摘到了大麦穗，从而让自己满意。摘完麦穗，苏格拉底问学生们对自己的收获是否满意，大多数学生全都懊丧地摇摇头。苏格拉底这才语重心长地告诉学生们，让他们在寻找目标的时候要把握好度，而不要漫无目的；而且要制订恰到好处的目标，目标既不宜太高，也不宜太低；同时，一旦认准目标就要毫不迟疑，而不能瞻前顾后，犹豫不决。

看似简单的摘麦穗，实际上蕴含着深刻的哲理。这也告诉我们，在人生之中进行取舍的时候，不要迟疑不定，而要问清楚自己的心，审时度势之后作出最好的选择。很多女人面对取舍时，都恨不得让自己占尽所有的优势，而抛弃所有的劣势。实际上，凡事都是有舍才有得的，一个人不可能把全天下的好事情都占尽。在这种情况下，女性朋友们要想审时度势，作出最好的选择，就要客观冷静，而且要学会舍弃。

在电影《卧虎藏龙》中，有句台词非常经典且有道理——当你紧握双手，里面一无所有；当你打开双手，你拥有了全世界。很多东西就像流沙，我们越是紧紧握住，它们越是容易从指缝间溜走；而当我们勇敢地舍弃时，我们反而出乎意料地得到了更多。

在巴勒斯坦，有两个著名的海。一个海是加里黎海，这个海从本质上而言是一个湖泊，因为它的水很甘甜，不管是牲畜，还是人，都很喜欢饮用这个海里的水。而且海里有着丰富的海产品，各种鱼儿在里面自由地游弋。另一个海就是闻名于世的死海，大家都知道，死海的咸度很大，含盐分很多，甚至可以令人躺在海平面上读书，而不会沉入海底。不过，虽然死海淹不死人，死海里的水却能齁死人。死海里的水无法饮用，而且对人体健康有害，所以死海里非但没有鱼类，甚至连海草都无法生存。为此，死海看起来死气沉沉，周围也寸

草不生，毫无生机。让人大跌眼镜的是，这两个截然不同的海都发源于约旦河。为何源自同一条河的海水却截然不同呢？实际上，是因为这两个海有着不同的“态度”。原来，加里黎海在接受约旦河水之后，并没有强留约旦河水，而是让约旦河水再从它的底部流走。这样一来，约旦河水的咸度不断稀释，当然味道甘甜。与加里黎海完全相反，死海只会得到，却从不舍弃，它在约旦河水流入之后，就把约旦河水据为己有，从不外流，最终导致自己越来越咸，成为名副其实的死海。

人生也恰恰如同一片海，作为女人，我们对人生采取怎样的态度，人生就会呈现出怎样的味道。记住，任何时候我们都不可能把所有好的东西都占为己有，而随着年龄的不断增长，当我们心智渐渐成熟之后，我们更要学会舍弃，唯有如此，我们才能得到更多。生活不是任何人的私有品，面对生活，我们也应该如同大海一样海纳百川，与此同时还要和加里黎海一样不断地付出和舍弃，如此才能始终保持生活最甘甜的味道。

取舍的标准，就在你的心里

现实生活中，我们每天都忙忙碌碌地活着，为了生存疲于奔波，为了成功不懈努力，渐渐地，我们忘记了自己对于生命最深切的渴望，也完全不知道自己在人生的道路上究竟要到达怎样的目的地。直到有一天，有人拿出一张纸让我们写出生命中最重要的东西，我们经过一番思考，都写了诸如健康、家人、爱人、孩子、事业、感情之类的各种人或事物。然而那个人又说，从现在开始，划掉你认为最不重要且可以舍弃的一项。于是，我们不那么艰难地下笔了。然而，那个人又说，继续划掉你可以舍弃的一项……随着我们舍弃得越来越多，在剩下的人生选项中，想要舍弃哪一项都变得特别困难，于是有很多女人落泪了，男人也紧皱眉头。对于生命意义的探寻，至此到达最触动心灵的时刻。那么，在生命之中，到底哪些是我们可以舍弃的，而哪些又是我们宁愿付出生命的代价也不能舍弃的呢？对于这个问题，相信每个人都有每个人的理解和感悟，我们无法代替他人作出选择，我们只能扪心自问自己的回答是什么。残酷的现实是，回答很难，是随着不断的舍弃，我们甚至痛彻心扉。

毫无疑问，每个人对于生命的理解和感悟都是不同的。这样的题目虽然残酷，却让我们渐渐认清楚哪些东西对我们而言比生命更重要，甚至是我们存在的意义。找出这个问题的答案之后，我们人生的减法做起来就显得相对容易了。我们可以从容舍弃那些对我们而言并非必不可少的东西，也可以从悲伤绝望的情绪中摆脱出来。要知道，人生不是那么容易归零的，更多的时候，我们只能通过减法，让自己变得更轻松一些。

也许有些女性朋友会说，我不会取舍，这并非因为我不知道取舍的意义和重要性，也不是因为我不舍得放弃，而是我真的不知道那些东西更重要、哪些东西不是生命的必需。尤其是现代社会，生活节奏越来越快，工作压力越来越大，我们几乎每天都忙忙碌碌，没有片刻休息。在这种情况下，我们就像是一个高速旋转的陀螺，根本不知道自己何时可以放慢节奏、停下来。因此你问自己，难道世界上没有一个取舍的标准，可以让我照着标准进行选择吗？很遗憾地告诉你，这个世界上真的没有取舍的标准，因为每个人的标准都在自己的心里。

有的人视金钱为粪土，虽然现代社会物质至上，这样的人很少，但是这样的人依然凤毛麟角地存在着。所以，他们面对金钱时，一定会毫不犹豫地选择其他。还有的人物质至上，崇尚金钱，那么他们在进行取舍的时候，当然会考虑金钱和物质的因素。还有的人特别重感情，尤其崇尚爱情，那么如果让他们

在爱情和其他因素之间进行权衡和选择，他们会毫不犹豫地选择爱情。也有的人非常孝顺父母，是个大孝子，不管面对怎样的困难，他们都不会抛下父母，而是愿意背负着父母四处奔波远行。说完这些，聪明的朋友会知道，所谓的取舍，实际上和人的各种观念与思想息息相关。正如一位名人所说，这个世界上没有两片完全相同的树叶，也没有两个完全相同的人，所以这个世界上也没有完全相同的取舍标准。

也许一个聪明理智的女人会有一套自己的取舍标准，但是你绝不能套用，因为你不是她，你的情况和她的情况也完全不一样，而且你的未来和她的未来截然不同，所以，你们对于人生的理解、定义和追求，都是截然不同的。因而，女性朋友们，不要再企图通过他人的取舍标准定义自己的人生，最负责任也最聪明的做法是，根据自己心的指引，建立自己的取舍标准，从而让自己在进行选择的时候无怨无悔，毫不犹豫。

笑着放手，对女人也是一种解脱

爱情，是造物主赐予人类最美好的感情。在爱情面前，哪怕是最卑微的人也会怦然心动，在爱情的鼓励下，他们甚至会忘记自身的缺点和不足，从而鼓起勇气，勇敢追求真爱。然而，爱情又绝非是努力就能得到的。众所周知，爱情需要缘分的指引。最美好的爱情就是有缘也有分，而有缘无分的爱情只会使人感到遗憾，有分无缘的根本不叫爱情，或者可以叫搭伴过日子，或者可以叫合作伙伴，总而言之叫爱情是有些牵强的。

有人说，爱情如同流沙，越是将其牢牢地握紧在手掌心，越是容易导致沙粒悄悄从指缝间溜走，再也不见踪迹。也有人说，爱情如同知己一样是可遇而不可求的，只有在对的时间遇到对的人才能成就爱情，否则就是孽缘。当然，现代社会婚恋观点已经开放，人们更加勇敢地追求爱情，所以爱情享有更多的自由，也变得更加丰富多彩。在这种情况下，每一个女人都想牢牢抓住爱情，从而使自己的人生变得绚烂多彩，令自己在爱情的滋润中飞上云巅。

在繁忙的大都市，每到华灯初上的时刻，每个夜路人的心中，都充满了温情。看着闪烁的霓虹灯，他们也许不止一次扪心自问：何时才能拥有属于自己的爱情，让心灵找到属于自己的归宿呢？的确，每个人的人生都有自己的剧本，而我们的爱情恰恰因为不同剧本的演绎，变得有了更绚烂的色彩和更使人意乱神迷的味道。

遗憾的是，虽然爱情如同烟花般绚烂，却也如同烟花一般容易消逝。无论我们怎么努力，也无法让烟花成为天空中亘古不变的风景，爱情同样如此。那么，当爱情如同流沙般悄然流逝后，依然沉迷于爱情中的女人们，如何才能最大限度圆满自己的内心，让自己更加从容不迫呢？前文说过，女人最美好的姿态是从容优雅，遗憾的是很多女人在爱情将逝的时候非但不再从容优雅，反而变得歇斯底里。

当爱情转身后，如果我们还不想让自己变得太难看，就要告诉自己微笑着放手。如果说这个世界上很多的东西都是有形有价的，那么爱情则是世界上为数不多的无形且无价的珍宝之一。常言道，强扭的瓜不甜，对于爱情，我们同样无法强求。爱情就是如此神奇，当两个人相爱的时候，恨不得变成两个泥娃娃打碎了再重新捏起来，变得你中有我、我中有你。而当爱情转瞬之间不复存在，很多曾经的爱人都因为爱情的消逝而反目成仇。尤其是当爱人之中有一方已经不爱了，甚至已经移情别恋了，而另一方依然深爱着对方，丝毫没有感知到爱情的变化时，这种疼痛和憎恨会更加彻骨。然而，我们并不能因此就放弃自己

做人的底线和原则，甚至像一个乞丐一样奢求爱情、乞求爱情。

在《我的前半生》中，全职太太罗子君就这样毫无防备地被爱情背叛了。当她一如往昔地对待爱情和生活时，陈俊生的心已然渐渐走远，直到他向毫无思想准备的罗子君提出离婚，这就已经注定了他们的爱情宣告终结。罗子君当然无法接受，毕竟在婚姻庇护所中的她过着衣食无忧的生活，那时的她对于自己的婚姻和家庭还是非常满意的。但是爱情的转移不以任何人的意志为转移，甚至当事人也无法左右和控制自己。虽然罗子君也哭过闹过，但是她还保留着仅有的理智。最终，她的骄傲和自尊，让她选择配合离婚，而且绝不摇尾乞怜。当然，罗子君没有做到微笑着放手，不过她最终还是获得了圆满的结果。可以说，大多数女人在面对婚姻突如其来的变故时，都很难做到完全平静如故。所谓的微笑着放手，需要多么宽容大度和理解忍让啊！女性朋友，想哭的时候不妨痛痛快快地哭一场，然后擦干眼泪，从容地面对随之而来的命运，高姿态地放手，从容优雅地面对，也是女性朋友对自身的修炼。

女性朋友们，我们一定要相信，当我们给予他人岁月静好，未来，命运一定会回馈给我们一个更美好的爱人，赐予我们更加长久的幸福和深爱。否则，歇斯底里的我们伤害的不仅仅是他人，也是我们自己，更是我们生命的尊严。很多事情，并非努力了就能挽回，也并非因为我们强烈地渴盼，愿望就能实现。最重要的在于，我们要心怀美好的渴盼，尽力而为，量力而行，当事情的结果无法让我们得偿所愿时，我们还要微笑着放手，从容迎接自己的新生活。生命如同书本，是可以翻篇的，只要我们的心愿意放过自己，我们就能成功走向人生新的一页。对于女性朋友而言，在遭遇爱情的背叛时，微笑是一种大智慧，放手更是一种从容的姿态和更深刻宽容的爱。要相信，当我们学会放手后，幸福一定会在人生的前方等着我们。

参考文献

[1] 沛霖弘露 . 女人何苦为难自己 [M]. 北京：中国商业出版社，2016.

[2] 凹凸 . 好心态的女人幸福一辈子 [M]. 北京：中国纺织出版社，2009.

[3] 柳术军 . 做内心强大的自己 [M]. 长春：吉林美术出版社 ,2014.